"数学ができる"人の思考法

数学体幹トレーニング
60問

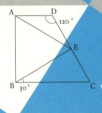

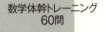

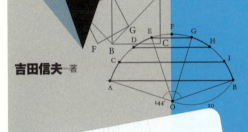

吉田信夫 — 著

まえがき

「いくら公式を覚えても成績は…」
「こんな計算ができても将来，何の役に立つの？」
などという偏見を持たれやすい数学．**"自由性"**こそが数学の本質であるはずなのに，なぜ，このようなことになってしまうのでしょう？

数学の問題を解くときには，大きく分けて2つのアプローチがあります．1つは，「普遍性」の視点から．もう1つは「特殊性」の視点から．これらが数学的思考の両輪なのです．問題を「普遍性の網で包み，特殊性の槍で突き刺す」のです．

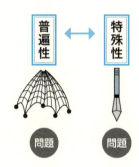

普段，数学を勉強するときは，

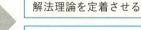

ことで，頭の中を整理していきます．できるだけ多くの問題に適用できるよう，先人がまとめてくれているから，とても有効な解法ばかりです．まさに「普遍的」な解法達．

しかし，このような学習に偏重すると，
「完成されたものを当てはめることが数学だ」
「問題が解けないのはまだ知らない解法あるからだ」
という**誤解**を生んでしまうのです．

では，「特殊性」から攻めるとはどういうことでしょうか？それは，

「目の前にある問題の答えを出すことにトコトンこだわる姿勢」

と言っても良いでしょう．実験したり，シラミツブシで答えを探したり，予想したり，逆算したり，また，問題の流れを読んだり，…．そのような思考を通じて，問題と対話し，問題の弱点を探るのです．そして，その問題に最適な解法を「発見」するのです．

問題との対話

- 実験で様子を探る
- シラミツブシで答えを探す
- 予想や逆算で目星をつける
- 誘導の意味をしっかり捉える

解法発見！

きれいにまとめられた解法達も，元々は新たな手法だったはずです．時代とともに，その解法を知らないと"お話にならない"ということになっているのです．そのような解法を吸収する"真面目"な勉強はもちろん大事です．さらに，手段を選ばず答えを探す"不真面目"な姿勢でも問題に対することができれば，鬼に金棒．「定石解法のどれが使えそうか？」という視点に加え，「この問題の攻めどころはドコか？」という見方をすることで，初めて目にする問題が解ける可能性が飛躍的にアップします．つまり，実力テスト，模擬試験，さらには大学入試本番での得点力が倍増するのです．

理論の習得	問題解決力UP
⋮	⋮
真面目に勉強！	姿勢・精神力の鍛錬！

本書では，「特殊性」に焦点をあて，初見問題に対する姿勢を身につけてもらうことを目的としています．知識を必要としない「難関中学入試算数」「算数オリンピック」の問題を改題したもの，高校数学ⅠA程度の予備知識で解ける大学入試問題を通じて，"できる人の思考"をマスターしてもらいます．そのために，解答はできるだけ心の動き，思考の流れまで添えておきます．

　「問題を解く」というのは戦いです．「すべてを俯瞰して，一般性だけで解こう」というお上品な構え方では足下をすくわれます．「1問1問の特殊性との真剣勝負」はもっとナマナマしいもの．数学での真剣勝負に立ち向かう姿勢・精神力を鍛錬しましょう！

「数学ができる」をつきつめると，算数力になる！
できる人になろう！

吉田　信夫

※本書では，その場その場での問題解決力を養ってもらうことを目的としていますので，問題の配置はランダムにしてあります．また，算数の問題，大学入試問題ともに本書の意図に合うように問題文を変更したり，改題したりしています．原題の一覧を掲載していますので，参考にしてください．

※本書は「問題を解くこと」に特化しています．問題が解けることで数学を好きになり，学問としての数学にも興味をもってもらえることを願っています．

CONTENTS

まえがき 3

原題紹介 7

第1章　できる人の思考とは？ 9
1-1. 簡単な例題から 10
1-2. 本書の使い方 20

第2章　Level-1　算数の問題 25
問題5〜13 26
hint 31
解答・解説・思考の流れ 40

第3章　Level-2　算数，大学入試の問題 57
問題14〜40 58
hint 72
解答・解説・思考の流れ 97

column 1　アクティブ・ラーニングとは？ 151

第4章　Level-3　ちょっと難しい算数・大学入試問題 153
問題41〜56 154
hint 163
解答・解説・思考の流れ 179

column 2　「問題が解ける」ということ 212

第5章　Level-4　国立大学入試問題の超難問 213
問題57〜62 214
hint 219
解答・解説・思考の流れ 228

column 3　難問との対峙方法 248

教訓一覧 250
あとがき 254

◎ 原 題 紹 介 ◎

例題	問題 1	オリジナル
	問題 2	オリジナル
	問題 3	ジュニア算数オリンピック
	問題 4	灘中学校
Level 1	問題 5	灘中学校
	問題 6	灘中学校
	問題 7	灘中学校
	問題 8	灘中学校
	問題 9	灘中学校
	問題 10	灘中学校
	問題 11	甲陽学院中学校
	問題 12	オリジナル
	問題 13	ジュニア算数オリンピック
Level 2	問題 14	灘中学校
	問題 15	灘中学校
	問題 16	灘中学校
	問題 17	灘中学校
	問題 18	灘中学校
	問題 19	灘中学校
	問題 20	灘中学校
	問題 21	灘中学校
	問題 22	小田 敏弘氏
	問題 23	算数オリンピック
	問題 24	算数オリンピック
	問題 25	算数オリンピック
	問題 26	算数オリンピック
	問題 27	ジュニア算数オリンピック
	問題 28	ジュニア算数オリンピック
	問題 29	算数オリンピック
	問題 30	算数オリンピック
	問題 31	ジュニア算数オリンピック

Level 2	問題 32	ジュニア算数オリンピック
	問題 33	北海道大学
	問題 34	東北大学
	問題 35	北海道大学
	問題 36	オリジナル
	問題 37	センター試験（数学 I ）
	問題 38	センター試験（数学 I ）
	問題 39	センター試験（数学 I ）
	問題 40	神戸大学
Level 3	問題 41	算数オリンピック
	問題 42	算数オリンピック
	問題 43	算数オリンピック
	問題 44	栄光学園中学校
	問題 45	開成中学校
	問題 46	算数オリンピック
	問題 47	算数オリンピック
	問題 48	旭川医科大学
	問題 49	東北大学
	問題 50	群馬大学
	問題 51	東京工業大学
	問題 52	一橋大学
	問題 53	京都大学
	問題 54	東京大学
	問題 55	大阪大学
	問題 56	京都大学
Level 4	問題 57	東京大学
	問題 58	京都大学
	問題 59	大阪大学
	問題 60	東京大学
	問題 61	東京大学
	問題 62	大阪大学

第**1**章

できる人の思考とは？

- p.10〜 1-1. 簡単な例題から
- p.20〜 1-2. 本書の使い方

問題 1 ▶▶ 4

1-1. 簡単な例題から

まず，簡単な問題からやってみよう．

問題1

次の 4 つの整数の中で，3 で割り切れるものを求めよ．

① 12345　　② 23456　　③ 34056　　④ 13579

もちろん，

各位の数の和が 3 の倍数になる　⇔　3 で割り切れる

ということを利用します．

① $1+2+3+4+5=15$　←　3 の倍数

② $2+3+4+5+6=20$　←　3 の倍数でない

③ $3+4+0+5+6=18$　←　3 の倍数（9 の倍数）

④ $1+3+5+7+9=25$　←　3 の倍数でない

より，3 で割り切れるのは①，③です．

合同式を用いることも可能ですが，ここはシンプルにいきます．ついでに，

各位の数の和が 9 の倍数になる　⇔　9 で割り切れる

なので，③は9でも割り切れます．

では，少しずつひねっていきます．

> 問題2
>
> 　4桁の整数200□が9の倍数になるという．□に入る0以上9以下の整数を求めよ．

これも問題ないでしょうか？

$$2+0+0+□ \text{ が9の倍数}$$

となるので，□＝7です．

これについて，数学的に厳しく論証すると…

　□＝7は適する．9の倍数は9個おきに現れるので，2007の前後にある9の倍数は1998，2016である．つまり，□＝7しか適するものはない．

とすれば良いでしょう．もったいぶっているようで気に入らないなら…

　　□＝0のとき，2+0+0+0=2　←　9の倍数でない

　　□＝1のとき，2+0+0+1=3　←　9の倍数でない

　　□＝2のとき，2+0+0+2=4　←　9の倍数でない

　　□＝3のとき，2+0+0+3=5　←　9の倍数でない

□＝4のとき，2＋0＋0＋4＝6　←　9の倍数でない

□＝5のとき，2＋0＋0＋5＝7　←　9の倍数でない

□＝6のとき，2＋0＋0＋6＝8　←　9の倍数でない

□＝7のとき，2＋0＋0＋7＝9　←　9の倍数

□＝8のとき，2＋0＋0＋8＝10　←　9の倍数でない

□＝9のとき，2＋0＋0＋9＝11　←　9の倍数でない

としても良いでしょう．これぞ，シラミツブシです．これはこれで面倒なので，やはり，「□＝7は適し，他は不適」とシンプルに説明できるようにしたいものです．

　さぁ，では難易度を上げていきましょう．

問題3

　自然数Nの各位の数の和に2004をかけると，Nと等しくなるという．このような自然数Nのうち最小のものを求めよ．

　問題文の「各位の数の和」から連想してください．思い浮かぶキーワードは…

解答・解説・思考の流れ

　題意より，

$$N = 2004 \times (N \text{の各位の数の和})$$

となる．

① 2004は，$2+0+0+4=6$より，3の倍数である．
② ゆえに，左辺のNも3の倍数である．
③ すると，Nの各位の数の和も3の倍数になる．
④ ここまでのことから，右辺は9の倍数であることがわかる．
⑤ ゆえに，Nも9の倍数である．
⑥ つまり，Nの各位の数の和は9の倍数である．

よって，Nとして考えられるのは

$$N = 2004 \times 9,\ 2004 \times 18,\ 2004 \times 27,\ \cdots\cdots$$

のみである（「答えがあるなら，この中にある」という意味）．

すべて適するとは限らないので，この中から適する最小のものを探していく．

● $N = 2004 \times 9 = 18036$のとき，各位の数の和は$1+8+0+3+6=18$であり，

$$2004 \times (各位の数の和) = 2004 \times 18 \neq N$$

となってしまうから，不適である．

● $N = 2004 \times 18 = 36072$ のとき，各位の数の和は $3 + 6 + 0 + 7 + 2 = 18$ であり，

$$2004 \times (各位の数の和) = 2004 \times 18 = N$$

となるから，適する．よって，これが最小の N である．

以上から，求める最小の N は $N = 36072$ である．

＊　　　＊　　　＊

なかなかややこしい問題でした．

各位の数の和が 3 の倍数になる　⇔　3 で割り切れる

各位の数の和が 9 の倍数になる　⇔　9 で割り切れる

という知識を，問題解決の手段として使った実感があると思います．

なぜ，こんな解答を思いつくのでしょうか？

ポイントを見ていきましょう．

(1)　「情報量が少ないので，N を方程式などで求めることはできないだろう．」と判断できるか？

(2)　「"N をすべて求めよ" ではなく，"最小の N を求めよ" なのだから，ザックリ考えよう．」と思うことができるか？

(3)　「各位の数の和」から「$3, 9$ の倍数」を連想できるか？

(4)　後は「何か起これ！」と念じながら，3 の倍数，9 の倍数と決まるところをドンドン探していく思い切りの良さがあるか？

⑸ N の候補をある程度まで絞れたら，「ここからキッチリ確定させていこう」と頭を切り替えられるか？

こういう風に考えていくためには，

問題は解かれるために存在している

と強く思うことができなければなりません！問題を解くとは，そういうことです．この姿勢を身につけ，答えが出るまであきらめない精神力を鍛えていってもらいたいのです．

　念のために補足しておきます．上記の思考の流れは，後付けでキッチリ整理したものです．実際に問題を解くときには，あれほど細かくは考えません．「何となく3の倍数に注目していったら，結果的に候補が絞れてしまって，解けてしまった」というのが正確です．「3の倍数という網で包んで」から「テキトーに槍を刺して」いたら，当たってしまった，というイメージです．

　実際，「2004は偶数」も利用すると，候補を

$$N = 2004 \times 18, \ 2004 \times 54, \ \cdots$$

に絞ることも可能でした（ちなみに，$2004 \times 54 = 108216$ は不適です）．

　どちらの流れであっても，答えが出れば問題ありません．どちらかと言うと，いま挙げたものの方が，人に見せる解答としては洗練されています．しかし，そんなことは，問題を解く人にとっては，どーでも良いことですよね．

ところで，解答では答えの候補を

$$N = 2004 \times 9, \ 2004 \times 18, \ 2004 \times 27, \ \cdots$$

に絞り，この中から適する最小のものを探しました．このような流れを難しく言うと，「<u>必要条件</u>で候補を絞り，シラミツブシで<u>十分性チェック</u>」となるでしょう．

言葉の意味がわかりにくいものの代表かも知れませんが…

必要条件 … 答えはこの中にしかありません（答えでないものが含まれている可能性もあります）

十分条件 … これが答えになることはわかっています（他にも答えがあるかも知れません）

というイメージです．

この発想は，解法発見において本質的な役割を果たすことが多いので，頭に入れておいていただきたいものです．

では，第1章の最後にちょっと変わった問題にチャレンジしてみましょう！

問題4

(1) 2013を素因数分解せよ.

(2) $\left(\dfrac{1}{11} - \dfrac{1}{183}\right) \div 43 = \left(\dfrac{1}{x} - \dfrac{1}{671}\right) \div 167$ を満たす x を求めよ.

hint

(1)と(2)に関連性はあるのでしょうか？(1)をやってみないとわからないですね…. (1)は，まず $2 + 0 + 1 + 3 = ?$ と考えてみると良いでしょう.

解答・解説・思考の流れ

(1) $2 + 0 + 1 + 3 = 6$ より 2013 は 3 の倍数であり，

$$2013 = 3 \times 671$$

である. 671 は

$$671 = 660 + 11 = 11 \times 60 + 11 = 11 \times 61$$

となり，11, 61 は素数である. よって，素因数分解すると

$$2013 = 3 \times 11 \times 61$$

である.

(2) 11, 671 に見覚えがある. また，$183 = 3 \times 61$ である. 左辺を計算すると

$$（左辺）= \left(\dfrac{1}{11} - \dfrac{1}{183}\right) \div 43 = \dfrac{183 - 11}{2013} \div 43 = \dfrac{172}{2013} \div 43 = \dfrac{4}{2013}$$

17

である．これで，43 が消えてくれた．

右辺の括弧内にある分数の分母 671 に注目すると，x が整数なら，3 が重要な候補となる．なぜなら，$2013 = 3 \times 671$ となるからである．仮に，$x = 3$ としたら，

$$(\text{右辺}) = \left(\frac{1}{3} - \frac{1}{671}\right) \div 167 = \frac{671 - 3}{2013} \div 167 = \frac{668}{2013} \div 167 = \frac{4}{2013}$$

である．左辺と一致してしまったので，$x = 3$ は解である．

与えられた方程式は，分母を払うと 1 次方程式になるため，解 x はただ 1 つしか存在しないことがわかるので，求める解は $x = 3$ である．

＊　　　＊　　　＊

まともに計算すると大変なことになります．(1)の誘導がなければ，上記のような解法を思いつくのは困難でしょう．

答えを見つければ，勝ち！

できる人は，そう考えていたりします．ただし，算数ではないので，根拠をしっかり提示しなければなりませんが…．例えば，数の並びのルールを考えるときも，最初のいくつかから類推するだけでは不十分で，高校数学Bで学ぶ「漸化式」や「数学的帰納法」などによる論証が必要になったりします．

「直感」「逆算」「答えがあるとしたら，これしかない…」などで，「事前に答えを予想する習慣を身につける」のも，数学力を飛躍的にUPさせるために必要なことです．まさに，鋭い槍で，問題

の弱点をピンポイントで突き刺している感覚です．

以上で，前書きの

のイメージは伝わったでしょうか？

解法は決まっているものではありません．自ら作り出したり，発見したりするものです．

1-2. 本書の使い方

　まえがきと1-1に書いた通り，本書は，「パターンラーニング」で身に付ける数学力だけでは解けない問題に対応するために必要な「感覚」を養ってもらうために問題を集めています．

　通常の数学学習では「次に同じ問題が出たら，必ず解けるようにする」ということが重視されます．これが大事であることは言うまでもありません．

　しかし，限界があることも確かです．大学入試や実力テストでつまづく問題も，あるいは，社会に出て直面する（数学以外の）問題も，出会ったときに初めて見るものばかりです．既知の典型解法から解決策を探して終わることもありますが，そうではないことも多いはずです．特に社会に出てからの問題には，答えがないこともよくあります．そんな状況でも最適解を見つけ出さなければならなくなります．そういうときには，視点を変えたり，見落としている情報をキャッチしたり，前後のつながりに注目したり，法則を探したり…と様々な方法を試していくことになります．

　本書では，問題を4レベルに分けて掲載しています．「初見」の状況を再現するために，問題の配置は分野別にせず，バラバラになっています．著者が真剣勝負を挑んで興味深いと感じた問題を集めており，ここだけの話，実は間違ってしまった問題も入っています．ですので，本書を手にしているあなたにも，解けても解けなくても気にすることなく，1問1問に真剣勝負を挑んでいた

だければ，「数学勘」を養ってもらえると思います．

では，問題を解くときの注意点を挙げておきます．

問題解決力の源として「諦めない力」「折れない心」が必要です．
ですから，解けそうにない問題でも10分以上は考えてください．後半の問題では，30分以上は考えてもらいたいものばかりです．頭で考えるだけではなく，できるだけ手を動かしてみてください．

その上で，どうしても手がかりが得られない場合は，「**解答**」ではなく，「**ヒント**」をまず読んでみてください．「実験のススメ」や「核心に迫る情報」を書いてあります．そして，「誘導に乗る練習」として，続きを考えるようにしてください．「**ヒント**」を元にもう10分以上は考えてみてください（問題によっては30分以上）．

それでもわからなかったり，答えを確認したかったら，「**解答**」を読んでみてください．

■ **問題**について

4レベルの紹介をしておきます．

Level-1：算数の問題を9問，用意しています．

パターン化された算数の問題ではなく，道具もわからないような状況で，頭を使うことのみで困難を解決させるようなものばかりです．

未知の問題に対処するための思考方法は，算数でなけ

れば身に付きません！

Level-2：本書の主要部分です．算数の問題と大学入試問題（数学）
を合わせて，27問．

Level-1よりも高度な算数の問題達は，真剣に取り組
まないとまったく手に負えないようなものばかりです．
数学の問題は，大学入試問題の中でも思考力を要す
るものを選んでいます．より高レベルのものにつな
がる問題を主に集めています．

Level-3：ここでは主に大学入試数学の問題を集めています（か
なり難しい算数の問題も入っています）．特殊な気づ
きが必要なものや，論証がかなり厄介なものまで．全
部で16問です．

Level-4：大学入試数学の中でも極めて難易度が高いものを集め
ています．たった6問ですが，真剣に考えると1問に
数時間かかるような問題もあります．

本書の性質に合わせて改題しているものもありますので，P.7
に改題前の問題の出典を掲載しています．出典を知りたいときは，
そちらを参照してください．

■ **ヒントについて**

問題を解くとき，様々な可能性を考えているはずです．

慣れないうちは，あらぬ方向に思考を進めてしまい泥沼にはま
ることも少なくありません．しかし，それが「問題解決力」を身

に付けるために必要なものです．どんどん考えましょう．自由に考えましょう．

それでも「一向に解決策が見いだせない」という時には，ヒントを参照してください．

もしかしたら「方向性は正しくて後一歩まで迫っている」とわかるかも知れませんし，「先がない迷路に迷い込んでいる」とわかるかも知れません．「**ヒント**」には「このように思考してもらいたい」という方向を示しています．つまり，「目のつけどころ」の見極めができるようになってもらいたい，ということです．

「**ヒント**」を確認したら，問題に再チャレンジしてください！

「誘導を理解し，それに乗っかって問題を解く」というのは大学入試数学においても，非常に重要な要素です．その練習だととらえてください．ある意味，「**ヒント**」を確認した後の再チャレンジが，できる人になるための一番のトレーニングになります．

■ **解答について**

本書にはできるだけ自然になるよう工夫した解答を掲載しています．ただの解答ではなく，思考の流れが見えるように意識して作りました．「練りに練ったムダのない解答」が美しいのですが，本書の性質上，美しさは重視せず，思考の流れを伝えるための道具として考えています．ですので，そこをしっかり読み取ってください．

また，ちょっとしたコメントも各問題の最後に添えていますか

ら，そちらも確認してみてください．「問題解決力を養う」とい
う意味では，復習する必要はないのですが，何度やり直しても難
しい問題も入っています．また，特に相性が悪い問題もあるので
はないでしょうか？思考法の確認のために，解けなかった問題は
少し時間をおいてから解き直してもらえたら，さらなるトレーニ
ングになると思います．

　チェック欄を設けていますので，利用してください．

■ 各章内の配置について

　レベルごとに，問題，ヒント，解答を集めていますが，すぐに
はヒントや解答を見ることができないように，少し離して配置し
ています．そのため，ヒントや解答にも問題文を添えています．
続きを考えるときや解答を読むときに問題文を参照しやすくして
いますので，ご安心ください．

　さあ，次章から，いよいよ実践編です．

　段階的にヒントを参照できるようにしてあります．一筋縄では
いかない問題が多いですから，ある程度考えて見当がつかない場
合は，ヒントを見てください．思考プロセス，着眼点，細かい場
合分け…各問題に乗り越えるべきポイントがあります．それを感
じとってください．

いざ問題解決力鍛錬の旅へ！

できる人になりましょう！

第 **2** 章

Level-1

算数の問題

問題 5 ▶▶ 13

- p.26〜　問題
- p.31〜　hint
- p.40〜　解答・解説・思考の流れ

問題5

1の位の数が異なる2つの自然数m, nがある. 2以上の整数p, qがあってm^p, n^qの1の位の数が7になった. このとき, m^qの1の位の数を求めよ.

hint ☞ p.31

解答・解説・思考の流れ ☞ p.40

問題6

Aは3けたの自然数とし, Aの各位の数を逆の順に並べかえた自然数をBとする. すると, BはAより198大きく, Aを5で割ると3余り, Bを9で割ると5余るという. このようなAのうち最大のものを求めよ.

hint ☞ p.31

解答・解説・思考の流れ ☞ p.42

問題7

自然数nに対し，$<n>$はnが奇数ならば$<n>=n+3$を表し，nが偶数ならば$<n>=\dfrac{n}{2}$を表すものとする．$<<<n>>>=7$となるnをすべて求めよ．

hint ☞ p.32

解答・解説・思考の流れ ☞ p.44

問題8

40人がテストを受けたところ，男子だけの平均点は全体の平均点より1.1点低く，女子だけの平均点は全体の平均点より0.9点高かった．男子の人数を求めよ．

hint ☞ p.33

解答・解説・思考の流れ ☞ p.46

問題9

4つの自然数A, B, C, D $(A < B < C < D)$ のうち，どの2つの自然数を足しても和は18, 24, 26, 28, 34 のいずれかになる．このとき，B, C の平均，および，A, C, D の平均を求めよ．

hint ☞ p.34

解答・解説・思考の流れ ☞ p.48

問題10

1円玉がn枚ある．これをできるだけ5円玉と両替すると，硬貨の総枚数は60枚だけ減る．それをできるだけ10円玉と両替すると，硬貨の総枚数は10枚になる．自然数nの値を求めよ．

hint ☞ p.35

解答・解説・思考の流れ ☞ p.50

問題11

自然数Nは，正の約数の総和が195となり，正の約数の逆数をすべて足すと$\dfrac{65}{24}$となるという．Nを求めよ．

hint ☞ p.36

解答・解説・思考の流れ ☞ p.52

問題12

$$\frac{1}{7} = 0.142857\ 142857\ 14 \cdots\cdots = 0.\overset{\bullet}{1}4285\overset{\bullet}{7}$$

である．これを踏まえて，$0.\overset{\bullet}{8}5714\overset{\bullet}{2}$を既約分数で表せ．

hint ☞ p.38

解答・解説・思考の流れ ☞ p.53

問題13

図のように長方形ABCDと正方形PQRSが辺を共有して接している．AS = 12, CQ = 9 であるとき，長方形ABCD の周の長さを求めよ．

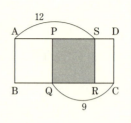

hint ☞ p.39

解答・解説・思考の流れ ☞ p.55

問題5

1の位の数が異なる2つの自然数m, nがある．2以上の整数p, qがあってm^p, n^qの1の位の数が7になった．このとき，m^qの1の位の数を求めよ．

hint

m^pの1の位の数は，「（mの1の位の数）^{p}の1の位の数」と一致します．

1の位の数は$0 \sim 9$の10個しかありませんから，難しく考えるよりも全件調査する方が手っ取り早いはず．

解答・解説・思考の流れ ☞ p.40

問題6

Aは3けたの自然数とし，Aの各位の数を逆の順に並べかえた自然数をBとする．すると，BはAより198大きく，Aを5で割ると3余り，Bを9で割ると5余るという．このようなAのうち最大のものを求めよ．

hint

①：「BはAより198大きい」，②：「Aを5で割ると3余る」，③：「Bを9で割ると5余る」のどれが最も使いやすいでしょうか？

〈次頁につづく〉

各けたの数が大事そうなので，$A = 100a + 10b + c$とおいてみてはどうでしょう．すると，$B = 100c + 10b + a$となります．そして，①は

$B - A = 100(c - a) + a - c = 99(c - a)$　∴　$99(c - a) = 198$

です．②は，$100a + 10b$が5の倍数なので，cを5で割った余りに関する条件となり，実は，$c = 3, 8$という意味です．③は捉えにくそうですね…．

解答・解説・思考の流れ ☞ p.42

問題7

　自然数nに対し，$<n>$はnが奇数ならば$<n> = n + 3$を表し，nが偶数ならば$<n> = \dfrac{n}{2}$を表すものとする．$<<<n>>> = 7$となるnをすべて求めよ．

---

hint

　例えば，$<n> = 6$となるのは…

・nが奇数のとき，$<n> = n + 3 = 6$より，$n = 3$（奇数なので適する）

・nが偶数のとき，$<n> = \dfrac{n}{2} = 6$より，$n = 12$（偶数なので適する）

より，$n = 3, 12$です．

　$<\ >$が3重になっているので，外側の$<\ >$から順に考えていきましょう！漏れなく，ミスなく，丁寧に！

解答・解説・思考の流れ ☞ p.44

問題8

40人がテストを受けたところ，男子だけの平均点は全体の平均点より1.1点低く，女子だけの平均点は全体の平均点より0.9点高かった．男子の人数を求めよ．

hint

手に負えないなら，男子の人数を1〜39の全パターンで考えてみては？

しかし，それでは大変なので，男女の人数をx，yとして，全体平均をAとおいてみましょう．すると男女の平均点は$A-1.1$，$A+0.9$です．これに人数をかければ，男女それぞれの総得点（得点の和）になります．ということは，全体平均は…？

解答・解説・思考の流れ ☞ p.46

第2章　Level 1

● ヒント

問題9

4つの自然数A, B, C, D $(A < B < C < D)$ のうち，どの2つの自然数を足しても和は18, 24, 26, 28, 34 のいずれかになる．このとき，B, C の平均，および，A, C, D の平均を求めよ．

hint

2つの和 $(A + B, A + C, \cdots)$ は全部で $_4\mathrm{C}_2 = 6$ 種類あるけれど，条件からは和の値は5つになっています．どれかが一致するということです．大小関係から，いくつかは簡単に特定できそうです．

解答・解説・思考の流れ ☞ p.48

問題10

1円玉がn枚ある．これをできるだけ5円玉と両替すると，硬貨の総枚数は60枚だけ減る．それをできるだけ10円玉と両替すると，硬貨の総枚数は10枚になる．自然数nの値を求めよ．

hint

5円玉に両替すると，1円玉は0〜4枚しか残りません．その後に10円玉に両替すると，5円玉は0〜1枚しか残りません．考え方の基本は，割り算になっていますね．

・5円玉両替で60枚減る

・10円玉両替で10枚になる

のどちらから攻めるべきでしょうか？

解答・解説・思考の流れ ☞ p.50

問題11

　自然数Nは，正の約数の総和が195となり，正の約数の逆数をすべて足すと$\dfrac{65}{24}$となるという．Nを求めよ．

hint

　約数の和は，素因数分解がわかれば式にすることができます．例えば，$12 = 2^2 \cdot 3$ の正の約数は1，2，3，4，6，12の6個で，その和は

$$1 + 2 + 3 + 4 + 6 + 12 = 28$$

です．これを公式的に求めると…正の約数は

$$2^a \cdot 3^b \ (a = 0,\ 1,\ 2\ \text{と}\ b = 0,\ 1)$$

の形なので，$3 \cdot 2 = 6$ 個（$2^0 = 1$，$3^0 = 1$です）．これは，

　　（2の指数2に1加えた数）×（3の指数1に1加えた数）

です．総和は，

$$1 + 2 + 3 + 4 + 6 + 12 = 2^0 3^0 + 2^1 3^0 + 2^0 3^1 + 2^2 3^0 + 2^1 3^1 + 2^2 3^1$$
$$= (2^0 + 2^1 + 2^2)(3^0 + 3^1) = 7 \cdot 4 = 28$$

です．

　いまはNの素因数分解がわからないので，この流れで考えることは困難です．

　ここで，約数の逆数の和に注目すると，12の場合は

$$\frac{1}{1} + \frac{1}{2} + \frac{1}{3} + \frac{1}{4} + \frac{1}{6} + \frac{1}{12}$$

となります．これを通分すると…

$$\frac{12+6+4+3+2+1}{12}$$

解答・解説・思考の流れ ☞ p.52

問題12

$$\frac{1}{7} = 0.142857\ 142857\ 14\cdots\cdots = 0.\dot{1}4285\dot{7}$$

である．これを踏まえて，$0.\dot{8}5714\dot{2}$ を既約分数で表せ．

hint

例えば，$0.3333\cdots$ はどんな値でしょうか？

$$x = 0.3333\cdots$$

とおくと，

$$10x = 3.3333\cdots$$

となります（3が限りなく続くので，このようになります．厳密には，数Ⅲの数列の極限の考え方が必要ですが，ここでは，アッサリ扱っておきます）．

これらの差をとると

$$9x = 3.0000\cdots \quad \therefore \quad x = \frac{1}{3}$$

となります．いま考えなければならない

$$0.857142\ 857142\ 85\cdots$$

は，パッとはわかりませんが，

$$142.857142\ 857142\ 85\cdots\cdots$$

だったらどうでしょうか？

$0.14285714\cdots$ との関係も考えてみましょう．

解答・解説・思考の流れ ☞ p.53

問題13

図のように長方形ABCDと正方形PQRSが辺を共有して接している．AS = 12，CQ = 9 であるとき，長方形ABCDの周の長さを求めよ．

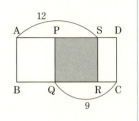

hint

長方形の1辺の長さや正方形の1辺の長さは，求まりません！しかし，長方形の周の長さだけはわかるのです．正方形の1辺の長さを x とおいて，長さを式で表してみると…

解答・解説・思考の流れ ☞ p.55

問題5

　1の位の数が異なる2つの自然数m, nがある．2以上の整数p, qがあってm^p, n^qの1の位の数が7になった．このとき，m^qの1の位の数を求めよ．

解答・解説・思考の流れ

ここがポイント！

　m, nとしては0～9で考えれば十分である．

　偶数は何乗しても偶数であり，1の位の数が7になることはない．また，0，1，5は，何乗しても1の位の数がそれぞれ0，1，5となるので，7にはならない．さらに，9を何乗かした数の1の位の数は，

$$9, \ 1, \ 9, \ 1, \ 9, \ 1, \ 9, \ 1, \ \cdots$$

となり，9，1の繰り返しで，7は現れない．

　残りは，3，7の場合である．

　3を何乗かした数の1の位の数は，

$$3, \ 9, \ 7, \ 1, \ 3, \ 9, \ 7, \ 1, \ 3, \ \cdots$$

となり，3，9，7，1の繰り返しである．

　7を何乗かした数の1の位の数は，

$$7, \ 9, \ 3, \ 1, \ 7, \ 9, \ 3, \ 1, \ 7, \ \cdots$$

となり，7，9，3，1の繰り返しである．よって，

$$(m, p, n, q) = (3, 4k-1, 7, 4l-3), \ (7, 4l-3, 3, 4k-1)$$

法則を式で表現

$$(k, \ l\text{は自然数})$$

である．

40

上記より，3^{4l-3}の1の位の数も，7^{4k-1}の1の位の数も3である（どっちの場合も同じ結果になった）．

よって，m^qの1の位の数は3である．

*　　　*　　　*

1の位の数を考えるときは，関係ない位の数のことは無視しましょう！

また，ヒントでは全件調査と言いましたが，実際は，最初から2つに絞れてしまいます．

発展

m^qとn^pの区別がつかないので，答えは，「1つにまとまるか，場合分けした形になるか」と最初に想定できたでしょうか？つまり，もしも3^{4l-3}と7^{4k-1}の1の位の数が異なる値になっていたら，分けて答えなければなりませんでした．今回はたまたまどちらでも同じになってくれましたが．

Check	1 /	□ ヒントなしで解けた □ ヒントを見たら解けた □ 解答を見たらわかった □ 解答を見てもわからない

Check	2 /	□ ヒントなしで解けた □ ヒントを見たら解けた □ 解答を見たらわかった □ 解答を見てもわからない

第2章　Level1

● 解答

問題6

　A は3けたの自然数とし，A の各位の数を逆の順に並べ
かえた自然数を B とする．すると，B は A より198大きく，
A を5で割ると3余り，B を9で割ると5余るという．この
ような A のうち最大のものを求めよ．

解答・解説・思考の流れ

　A の各位の数を a，b，c として

$$A = 100a + 10b + c \;(1 \leqq a \leqq 9,\; 0 \leqq b \leqq 9,\; 0 \leqq c \leqq 9)$$

とおく（A が3けたなので a は0ではありません）．すると，

$$B = 100c + 10b + a$$

となる．すると，

$$B - A = 100(c - a) + a - c = 99(c - a) \quad \therefore \quad 99(c - a) = 198$$

より，$c - a = 2$ である．

　また，A を5で割った余りが3なので，1の位に注目して，$c = 3$，8である．

> ここがポイント！

　順に，$a = 1$，6であるが，最大の A を求めたいので，$a = 6$ から考える（$a = 6$ で適する A を見つけられなかったら，その後に $a = 1$ の場合を考えることになる）．このとき，

$$B = 800 + 10b + 6 = 806 + 10b$$

である．806を9で割った余りは5であるから，B が9で割って5

余るということは，$10b$ が 9 で割り切れるということである．そのような b は存在し，$b=9$ のみである．

よって，最大の A は $A=698$ である．

＊　　　＊　　　＊

> **教訓**
>
> 「A をすべて求めよ」ではないから，$a=1$ の場合は考えてはなりません！問題との勝負において，無駄なことをやっていては，勝てる勝負を落とすことに繋がるからです．

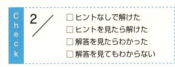

問題7

　自然数 n に対し，$<n>$ は n が奇数ならば $<n>=n+3$ を表し，n が偶数ならば $<n>=\dfrac{n}{2}$ を表すものとする．$<<<n>>>=7$ となる n をすべて求めよ．

解答・解説・思考の流れ

　$<n>$ は必ず自然数である．

　$<<<n>>>=7$ より，

　1) $<<n>>$ が奇数のとき，

　　$<<n>>+3=7$　∴　$<<n>>=4$　（不適）

　2) $<<n>>$ が偶数のとき，

　　$\dfrac{<<n>>}{2}=7$　∴　$<<n>>=14$　（適する）

　2.1) $<<n>>=14$ で，$<n>$ が奇数のとき，

　　$<n>+3=14$　∴　$<n>=11$　（適する）

　2.1.1) $<n>=11$ で，n が奇数のとき，

　　$n+3=11$　∴　$n=8$　　　（不適）

　2.1.2) $<n>=11$ で，n が偶数のとき，

　　$\dfrac{n}{2}=11$　∴　$n=22$　　　（適する）

　2.2) $<<n>>=14$ で，$<n>$ が偶数のとき，

$$\frac{<n>}{2}=14 \quad \therefore \quad <n>=28 \quad \text{（適する）}$$

2.2.1) $<n>=28$ で，n が奇数のとき，

$$n+3=28 \quad \therefore \quad n=25 \quad \text{（適する）}$$

2.2.2) $<n>=28$ で，n が偶数のとき，

$$\frac{n}{2}=28 \quad \therefore \quad n=56 \quad \text{（適する）}$$

以上から，$n=22,\ 25,\ 56$ である．

*　　　*　　　*

与えられたルールを正しく適用して，キッチリこなすことは論理的思考の基本中の基本です．漏れなく，ミスなく，丁寧に！

場合分けの全体像

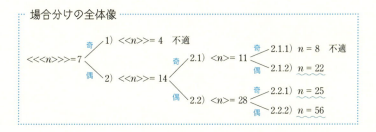

問題8

　40人がテストを受けたところ，男子だけの平均点は全体の平均点より1.1点低く，女子だけの平均点は全体の平均点より0.9点高かった．男子の人数を求めよ．

解答・解説・思考の流れ

　全体の平均を A とおく．男女の人数をそれぞれ x, y とおくと，
$$x + y = 40$$
であり，全体の平均は

> ここがポイント！

$$\frac{x \cdot (A - 1.1) + y \cdot (A + 0.9)}{40} = A + \frac{-1.1x + 0.9y}{40}$$

と表すことができる．これが A と一致するので，

$$1.1x = 0.9y \quad \therefore \quad x : y = 9 : 11$$

である．よって，

$$x = 18, \ y = 22$$

である．以上から，男子の人数は18人である．

＊　　　　＊　　　　＊

　連立方程式として

$$x + y = 40, \ 1.1x = 0.9y$$

を解いても良かったのですが，人数は自然数なので，比を利用し

て解いてみました．

算数視点

算数に慣れている人は，Aをおかなくても$x:y=9:11$がわかります．x人分の1.1点とy人分の0.9点が等しくなることに注目して考えることができるからです．

1 □ヒントなしで解けた
□ヒントを見たら解けた
□解答を見たらわかった
□解答を見てもわからない

2 □ヒントなしで解けた
□ヒントを見たら解けた
□解答を見たらわかった
□解答を見てもわからない

問題9

　4つの自然数A, B, C, D $(A < B < C < D)$ のうち，どの2つの自然数を足しても和は18, 24, 26, 28, 34 のいずれかになる．このとき，B, C の平均，および，A, C, D の平均を求めよ．

解答・解説・思考の流れ

　6つの和

$$A+B, \ A+C, \ A+D, \ B+C, \ B+D, \ C+D$$

のうち，最小のものは$A+B$，最大のものは$C+D$である．2番目に小さいものは$A+C$であり，2番目に大きいものは$B+D$である．残された$B+C$, $A+D$の大小は不明である．

　ここで，6つの和の値は5種類しかないので，どれか2つが一致する．上記より，それは$B+C$と$A+D$である．

> 論理的に絞り込む

　以上から，

$$A+B=18, \ A+C=24, \ B+C=A+D=26, \ B+D=28, \ C+D=34$$

である．これから，B, Cの平均は

$$(B+C) \div 2 = 26 \div 2 = 13$$

である．また，A, C, Dの平均は

$$(A+C+D) \div 3 = \{(A+C)+(A+D)+(C+D)\} \div 6 = 84 \div 6 = 14$$

ここがポイント！

である.

*　　　*　　　*

A, B, C, D を求めると

$$A = 8, \ B = 10, \ C = 16, \ D = 18$$

です. これを求めずに, 平均を求めました. 少しでも無駄を省き
たいからです.

教訓

求めたいものだけを求める方法を考えよう.

Check	1 /	□ヒントなしで解けた □ヒントを見たら解けた □解答を見たらわかった □解答を見てもわからない

Check	2 /	□ヒントなしで解けた □ヒントを見たら解けた □解答を見たらわかった □解答を見てもわからない

問題10

　1円玉がn枚ある．これをできるだけ5円玉と両替すると，硬貨の総枚数は60枚だけ減る．それをできるだけ10円玉と両替すると，硬貨の総枚数は10枚になる．自然数nの値を求めよ．

解答・解説・思考の流れ

　nを5で割ったときの商をxとし，余りをyとする．ただし，$0 \leqq y \leqq 4$である．すると，

$$n = 5x + y$$

ここがポイント！

であり，できるだけ5円玉に両替した後の総枚数は$x + y$となる．ゆえに，

$$n - (x + y) = 60 \quad \therefore \quad 4x = 60$$

となり，$x = 15$である．よって，$y = 0, 1, 2, 3, 4$から

$$n = 75, 76, 77, 78, 79$$

しかありえない．それぞれ，できるだけの10円玉と両替したら，総枚数は

$$8, 9, 10, 11, 12$$

となるので，適するのは$n = 77$である．

＊　　　　＊　　　　＊

　できるだけ10円玉，5円玉と両替して10枚になるという条件から攻めることもできます．このとき，5円玉は0, 1枚で，1円

玉は0, 1, 2, 3, 4枚より，枚数の組は

(10円, 5円, 1円)

$\quad = (10, 0, 0), (9, 1, 0), (9, 0, 1), (8, 1, 1), (8, 0, 2),$
$\quad (7, 1, 2), (7, 0, 3), (6, 1, 3), (6, 0, 4), (5, 1, 4)$

だけ考えられます．それぞれ

$\quad n = 100, 95, 91, 86, 82, 77, 73, 68, 64, 59$

です．それぞれの5円玉両替のことも考えたら，$n=77$ しかないことを特定できます．

解答と比べると無駄が多いですね．

先を見通す

5円玉両替で5円玉を A 枚使うと，総枚数が $4A$ 枚減ることがわかるので，1つ目の条件はかなり強い条件なのです．「10枚」の方から攻めたくなる気持ちも起こりそうですが，今回は「60枚だけ減る」がアタリでした．

 1 / ☐ ヒントなしで解けた
☐ ヒントを見たら解けた
☐ 解答を見たらわかった
☐ 解答を見てもわからない

 2 / ☐ ヒントなしで解けた
☐ ヒントを見たら解けた
☐ 解答を見たらわかった
☐ 解答を見てもわからない

問題11

自然数 N は，正の約数の総和が 195 となり，正の約数の逆数をすべて足すと $\dfrac{65}{24}$ となるという．N を求めよ．

解答・解説・思考の流れ

N の正の約数の逆数をすべて足すと，通分して

$$\frac{N \text{の正の約数の和}}{N}$$

ここがポイント！

となる．よって，

$$\frac{195}{N} = \frac{65}{24} \quad \therefore \quad N = \frac{195 \cdot 24}{65} = 3 \cdot 24 = 72$$

である．

*　　　*　　　*

「正の約数の逆数の総和」という見慣れないものがテーマでした．意味さえわかれば，この問題もそれほど難しくはありませんでした！

教訓
見たことがないものに出くわしたら，具体的な数字でいくつか実験して様子を探るのが基本です．戸惑う前に，まず実験！

問題12

$$\frac{1}{7} = 0.142857\ 142857\ 14 \cdots\cdots = 0.\dot{1}4285\dot{7}$$

である．これを踏まえて，$0.\dot{8}5714\dot{2}$ を既約分数で表せ．

解答・解説・思考の流れ

$$\frac{1}{7} = 0.142857\ 142857\ 14 \cdots = 0.\dot{1}4285\dot{7}$$

を 1000 倍すると，

ここがポイント！

$$\frac{1000}{7} = 142.857142\ 857142\ 857 \cdots = 142.\dot{8}5714\dot{2}$$

$$= 142 + 0.\dot{8}5714\dot{2}$$

である．よって，

$$0.\dot{8}5714\dot{2} = \frac{1000}{7} - 142 = \frac{6}{7}$$

である．

*　　　*　　　*

与えられた情報をどのように用いるかを考える問題でした．

数学的視点

循環小数について詳しい人は，6 個の数が循環する小数だから

$$0.\dot{8}5714\dot{2} = \frac{857142}{999999} = \cdots = \frac{6}{7}$$

とできるかも知れません．けれど約分はなかなか大変です．

第2章　Level1

● 解答

53

さらに深く考えると，

$$0.\dot{8}5714\dot{2} + 0.\dot{1}4285\dot{7}$$
$$= \frac{857142}{999999} + \frac{142857}{999999}$$
$$= \frac{999999}{999999}$$
$$= 1$$

より

$$0.\dot{8}5714\dot{2} + \frac{1}{7} = 1$$
$$0.\dot{8}5714\dot{2} = 1 - \frac{1}{7} = \frac{6}{7}$$

とわかります．

問題13

図のように長方形ABCDと正方形PQRSが辺を共有して接している．AS = 12, CQ = 9であるとき，長方形ABCDの周の長さを求めよ．

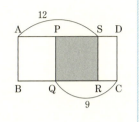

解答・解説・思考の流れ

正方形の1辺の長さをxとおくと，

$$AB = CD = x, \ AP = BQ = 12 - x, \ CR = DS = 9 - x$$

である．すると

ここがポイント！

$$\underline{AD = BC = (12 - x) + x + (9 - x) = 21 - x}$$

である．よって，長方形ABCDの周の長さは

$$2x + 2(21 - x) = 42$$

である．

*　　　*　　　*

情報量が少ないので戸惑ってしまうかも知れませんが，正方形の1辺の長さを用いて，色々な長さを丁寧に表していけば，恐れるような問題ではありません．xは$0 < x < 9$を満たす数としか

決まらず，図形は確定しません．しかし，周の長さがxによらない定数になったのです．xに関する恒等式になった，と言うことです．

> **裏技**
>
> 「xによらない」ということは問題文から読み取れます．仮に$x=5$として，$AB=CD=5$，$AD=BC=16$から，周の長さは42とわかります．答えが一定値になるとしたら，その値は42しかありえません（必要条件）．
>
> もちろん数学的な答案としては不十分ですが，答えを書くだけでよいときには有効です．

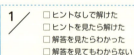

第 3 章

Level-2

算数，大学入試の問題

問題 14 ▶▶40

- p.58〜　問題
- p.72〜　hint
- p.97〜　解答・解説・思考の流れ

問題14

底辺の長さが8の平行四辺形を図のように三角形，平行四辺形，台形の3つの図形に分けたとき，面積が順に21，15，24となった．このとき，右端の台形の上底と下底の長さの差を求めよ．

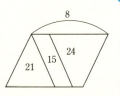

hint ☞ p.72

解答・解説・思考の流れ ☞ p.97

問題15

図において，四角形ABCD，AEFGはともに正方形で，Gは線分BD上にある．BD＝30，△ABG＝105のとき，線分BEの長さを求めよ．

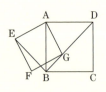

hint ☞ p.72

解答・解説・思考の流れ ☞ p.99

58

問題16

4つの3けたの自然数があり，次のア〜オを満たしている．

ア．いずれも9で割り切れない

イ．百の位の数が1のものがある

ウ．百の位の数の和は22である

エ．下2けたは95, 83, 80, 72である

オ．百の位の数が素数のものは，下2けたが80より大きく，そうでないものは80以下である

4つの自然数を求めよ．

hint ☞ p.73

解答・解説・思考の流れ ☞ p.101

問題17

図のように正三角形ABEと台形ABCDがある．

ADとBCは平行で，Eは辺CD上にある．このとき，四角形ABCEの面積と三角形ADEの面積の比を求めよ．

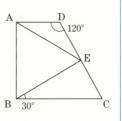

hint ☞ p.74

解答・解説・思考の流れ ☞ p.103

問題18

　異なる4つの自然数を小さい方から順に並べ，隣り合った2数の和を求めると，順に28，32，59であった．4つの自然数の中で最大のものを求めよ．

hint ☞ p.75

解答・解説・思考の流れ ☞ p.105

問題19

$$\frac{1}{9} \times \frac{3}{11} \times \frac{5}{13} \times \frac{7}{15} \cdots$$

と，$\dfrac{2k-1}{2k+7}$（k は自然数）という形の分数を，$k=1$，2，3，…の順に次々とかけ合わせていく．この値が初めて $\dfrac{1}{10000}$ 未満になるのは何個の分数をかけたときであるか答えよ．

hint ☞ p.76

解答・解説・思考の流れ ☞ p.107

問題20

n を自然数とする. $\dfrac{15}{n}$ を小数で表すとき, $\dfrac{15}{4}=3.75$,
$\dfrac{15}{125}=0.12$ のように, 小数第2位に0でない数が入って終わるような有限小数で表されるものは, 何個あるか.

hint ☞ p.77

解答・解説・思考の流れ ☞ p.109

問題21

A, B, C を 0 以上 9 以下の整数とする. 6 けたの自然数 $5ABC15$ が 999 の倍数になるとき, A, B, C を求めよ.

hint ☞ p.77

解答・解説・思考の流れ ☞ p.111

問題22

右のア〜ケには1〜9の異なる自然数が対応する．ただし，ア＞エ＞キであり，例えばイウは10，1の位の数がそれぞれイ，ウの2けたの自然数である．また，線分で結ばれる部分は，例えばイウ＝ア×エのように積を計算したものになる，という意味である．ア〜ケを求めよ．

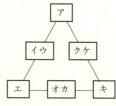

hint ☞ p.78

解答・解説・思考の流れ ☞ p.113

問題23

異なる47個の自然数の和が2000であるという．この47個の自然数の中には，最も少ない場合で偶数が何個あるか．

hint ☞ p.79

解答・解説・思考の流れ ☞ p.115

問題24

2以上の自然数 n がある．$1, 2, 3, \cdots, n$ から1つ取り除いた $n-1$ 個の自然数の平均が $\dfrac{590}{17}$ になるという．n と取り除いた数の値を求めよ．

hint ☞ p.80

解答・解説・思考の流れ ☞ p.117

問題25

図のように半径20，中心角144°の扇形があり，C, D, E, F, G, H, I は弧ABを8等分する点である．弦と弧を境界とする図の色をつけた部分の面積を求めよ．

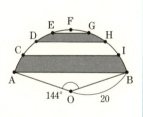

hint ☞ p.81

解答・解説・思考の流れ ☞ p.119

問題26

31けたの自然数がある．この整数のどの隣り合う2つの位の数を取り出して得られる2けたの数（30個）もすべて17か23の倍数になるという．また，31個の数のうち1つだけが7であるという．この31けたの自然数の各位の数の和を求めよ．

hint ☞ p.82

解答・解説・思考の流れ ☞ p.121

問題27

図の三角形ABCは∠ABC＝∠BAC＝15°の二等辺三角形であり，辺AB上に点Dを∠BCD＝15°となるようにとるとAD＝10となるという．三角形ABCの面積を求めよ．

hint ☞ p.83

解答・解説・思考の流れ ☞ p.123

問題28

　下の (ア)〜(オ) の中に，3 つの連続する 2 けたの自然数の積になっているものがある．それを選べ．

(ア) 1321　　(イ) 12144　　(ウ) 980100　　(エ) 5812　　(オ) 44568

hint ☞ p.84

解答・解説・思考の流れ ☞ p.125

問題29

　自然数 1，2，3，4，5，6，7，8，9，10，… から

$$1+2=3, \quad 4+5+6=7+8,$$

$$9+10+11+12=13+14+15, \cdots$$

という計算式を作ることができる．これら計算式の「計算結果」は順に

$$3, \quad 15, \quad 42, \cdots$$

である．123 が含まれる式の「計算結果」を求めよ．

hint ☞ p.85

解答・解説・思考の流れ ☞ p.127

問題30

図の四角形ABCDはAB＝BC＝CDであり，∠ABC＝168°，∠BCD＝108°である．このとき，∠ADCを求めよ．

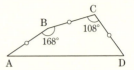

hint ☞ p.86

解答・解説・思考の流れ ☞ p.129

問題31

AB＝CD＝6，BC＝DA＝9の長方形ABCDにおいて，辺DA上に点Eをとり，線分AC，BEの交点をF，線分AC，BDの交点をG，線分BD，CEの交点をHとする．△ABF＋△CDH＝19のとき，四角形EFGHの面積を求めよ．

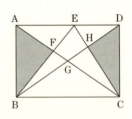

hint ☞ p.87

解答・解説・思考の流れ ☞ p.131

問題32

　10個の自然数があり，そのうち2個は同じ数である．
10個から1個を除いた9個の数の和をすべて挙げると，
82，83，84，85，87，89，90，91，92の9通りになるとい
う．10個のうち，最大のものを求めよ．

hint ☞ p.88

解答・解説・思考の流れ ☞ p.133

問題33

　nを3以上の整数とする．1から$3n$までの番号が書かれ
た$3n$枚のカードをA，B，Cの3人にn枚ずつ配る．
(1) カードの配り方は何通りあるか．$n!$，$(3n)!$の式で表せ．
(2) Aのカードの番号の最小値が$n+1$で，Bのカードの最
　　小値が$2n-1$である配り方は何通りあるか．

hint ☞ p.89

解答・解説・思考の流れ ☞ p.135

問題34

　1，2，3，4，5の数字が1つずつ書かれた5枚のカード
が横一列に並んでいる．このカードの中から隣り合って置
かれている2枚のカードを無作為に選んで入れかえる操作
を繰り返す．ただし，最初の状態では，数字の小さい順に
左から1，2，3，4，5と並んでいるものとする．

(1) 2回の操作を終えた後のカードの並び方は，全部で何通
　　りあるか．

(2) 4回の操作の過程で，数字3の書かれたカードが1回も
　　動かされることがない確率を求めよ．

hint ☞ p.90

解答・解説・思考の流れ ☞ p.137

問題35

　実数 a，b に対して，$f(x) = x^2 - 2ax + b$，$g(x) = x^2 - 2bx + a$ とおく．

(1) $a \neq b$ のとき，$f(c) = g(c)$ を満たす実数 c を求めよ．

(2) (1)で求めた c について，a，b が条件 $a < c < b$ を満たす
　　とする．このとき，連立不等式「$f(x) < 0$ かつ $g(x) < 0$」
　　が解をもつための必要十分条件を a，b を用いて表せ．

hint ☞ p.91

解答・解説・思考の流れ ☞ p.139

問題36

2次関数 $f(x) = x^2 - ax + a - 2$ について考える.

(1) a の値に関わらず, 放物線 $y = f(x)$ が通る点を求めよ.

(2) 2次方程式 $f(x) = 0$ が少なくとも1つの負の実数解をもつような a の値の範囲を求めよ.

hint ☞ p.92

解答・解説・思考の流れ ☞ p.141

問題37

$\sqrt{17}$ のおよその値を求めたい.

(1) $a > 0$ に対し, $\sqrt{a+1} < \dfrac{1}{2}a + 1$ が成り立つことを示せ.

(2) 2次不等式 $\left(\dfrac{12}{25}a + 1\right)^2 < a + 1$ を解け.

(3) $\dfrac{\sqrt{17}}{4} = \sqrt{x+1}$ を満たす x を求めよ.

(4) $\dfrac{m}{200} < \sqrt{17} < \dfrac{m+1}{200}$ を満たす自然数 m を求めよ. また, $\sqrt{17}$ の小数第3位を四捨五入した値を求めよ.

hint ☞ p.93

解答・解説・思考の流れ ☞ p.143

問題38

p, qは自然数とする. $\dfrac{p+1}{q+3}=0.4\cdots$①を満たす$p$, qを考える.

(1) p, qがともに10以下のとき, ①を満たす組(p, q)をすべて求めよ.

(2) (p, q)が①を満たすとき, $(p+2, q+a)$も①を満たすという. このような自然数aを求めよ.

(3) ①を満たす(p, q)に対し, $p+q<30$の範囲における$p+q$の最大値を求めよ.

hint ☞ p.94

解答・解説・思考の流れ ☞ p.145

問題39

a, b は正の実数で, $\dfrac{a}{b}$ は整数でないとする. $\dfrac{a}{b}$ をこえない最大の整数を m とし, $\dfrac{b}{a-bm}$ をこえない最大の整数を n とする. すなわち m, n は $m < \dfrac{a}{b} < m+1$, $n \leqq \dfrac{b}{a-bm} < n+1$ を満たす整数である.

(1) $a = 17$, $b = 3$ のとき, m, n を求めよ.

(2) $\dfrac{9}{4} < \dfrac{a}{b} \leqq \dfrac{7}{3}$ であるとき, m, n を求めよ.

(3) $m = n = 2$ となるときの $\dfrac{a}{b}$ のとりうる値の範囲を求めよ.

hint ☞ p.95

解答・解説・思考の流れ ☞ p.147

問題40

座標平面上に 2 点 $A(1, 0)$, $B(-1, 0)$ と直線 l があり, A と l の距離と B と l の距離の和が 1 であるという.

(1) l は y 軸と平行でないことを示せ.

(2) l が線分 AB と交わるとき, l の傾きを求めよ.

(3) l が線分 AB と交わらないとき, l と原点との距離を求めよ.

hint ☞ p.96

解答・解説・思考の流れ ☞ p.149

次ページからヒント ➤➤

第3章 Level 2 ● 問題

71

問題 14

底辺の長さが 8 の平行四辺形を図のように三角形，平行四辺形，台形の 3 つの図形に分けたとき，面積が順に 21，15，24 となった．このとき，右端の台形の上底と下底の長さの差を求めよ．

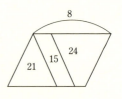

hint

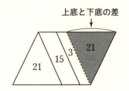

右の図のように補助線を引くと，「上底と下底の長さの差」を作図することができます．また，台形は平行四辺形と三角形に分かれますが，三角形は，左端の三角形と合同になっています！面積と長さの関係を考えてみましょう．

解答・解説・思考の流れ ☞ p.97

問題 15

図において，四角形 ABCD，AEFG はともに正方形で，G は線分 BD 上にある．BD = 30，△ABG = 105 のとき，線分 BE の長さを求めよ．

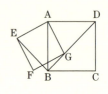

hint

まず，BD = 30，△ABG = 105 から，BG の長さを求めること

はできますか？

$$\triangle ABD : \triangle ABG = BD : BG$$

という比を利用してみましょう．

　さらに，正方形からは等しい長さがたくさん得られます．特に頂点Aに集まる辺，角に注目すると…合同な三角形が見つかりませんか？

解答・解説・思考の流れ ☞ p.99

問題16

　4つの3けたの自然数があり，次のア〜オを満たしている．

ア．いずれも9で割り切れない

イ．百の位の数が1のものがある

ウ．百の位の数の和は22である

エ．下2けたは95，83，80，72である

オ．百の位の数が素数のものは，下2けたが80より大きく，そうでないものは80以下である

　4つの自然数を求めよ．

---

hint

　条件が多いですから，優先順位のつけ方が大事になります．1けたの自然数で

　　　素数：2，3，5，7　　　その他：1，4，6，8，9

です．まず，イ，オ，エ，アから1つ目の自然数が決まります．

　その次が難関！4つの数の和に関する条件のウは意外と厳しい

第3章

Level 2

● ヒント

条件になっていませんか？
$$1+?+?+?=22$$
ありえる100の位の数の組の中で，和が最大になるもので実験してみましょう！

解答・解説・思考の流れ ☞ p.101

問題17

図のように正三角形ABEと台形ABCDがある．

ADとBCは平行で，Eは辺CD上にある．このとき，四角形ABCEの面積と三角形ADEの面積の比を求めよ．

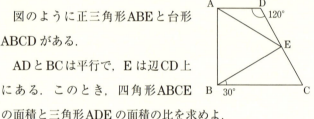

hint

図に登場する角度はすべて求めることができます．すると，三角形ADEと正三角形ABEの面積比が見えてきます（ポイントは「正三角形の重心」です！）．また，三角形BCEもある補助線を引いて2つに分けてみましょう．三角形ADEが見つかるはずです（ポイントは「30°」です！）．

解答・解説・思考の流れ ☞ p.103

問題18

　異なる4つの自然数を小さい方から順に並べ，隣り合った2数の和を求めると，順に28，32，59であった．4つの自然数の中で最大のものを求めよ．

hint

　4つの自然数をa，b，c，d $(a<b<c<d)$ とおいて連立方程式を作ってみましょう．

　しかし，未知数が4つで，式が3つなので，このままで解くことはできません．ですから，「自然数」という条件が大事になってくるのです．

　和の値28，32，59のうち，28と32はかなり近い値です（「a，b，cはかなり近い」ということです）．ここがこの問題の弱点です！

解答・解説・思考の流れ ☞ p.105

75

問題19

$$\frac{1}{9} \times \frac{3}{11} \times \frac{5}{13} \times \frac{7}{15} \cdots$$

と，$\dfrac{2k-1}{2k+7}$（kは自然数）という形の分数を，$k=1,\ 2,\ 3,$ …の順に次々とかけ合わせていく．この値が初めて $\dfrac{1}{10000}$ 未満になるのは何個の分数をかけたときであるか答えよ．

hint

たくさんの分数をかけますが，実は，ほとんどが約分されて消えてしまいます．5個以上かけてみるとわかるはずです．そして，n個かけたときにどうなるか，考えてみましょう．

「値が $\dfrac{1}{10000}$ 未満」をまともに考えると，4次不等式になってしまい，解くことは難しくなります．しかし，「自然数」を考えているので，答えを求めることはできます！概算がポイントで，$30^4 = 810000$ に注目！

解答・解説・思考の流れ ☞ p.107

問題20

n を自然数とする．$\dfrac{15}{n}$ を小数で表すとき，$\dfrac{15}{4}=3.75$，$\dfrac{15}{125}=0.12$ のように，小数第2位に0でない数が入って終わるような有限小数で表されるものは，何個あるか．

hint

小数第2位までの有限小数は，100倍すると自然数になります！つまり，自然数 m を用いて $\dfrac{m}{100}$ と表すことができます．

しかし，小数第2位が0になるものも含まれてしまいます．例えば，$0.1=\dfrac{15}{150}$ は小数第2位に0でない数が入って終わる有限小数にはなりませんね．

解答・解説・思考の流れ ☞ p.109

問題21

A，B，C を0以上9以下の整数とする．6けたの自然数 $5ABC15$ が999の倍数になるとき，A，B，C を求めよ．

hint

A，B，C それぞれ10通りの選択肢があるので，(A, B, C) の組は全部で1000通りの可能性があります．全部調べたら終わりです！

それがイヤなら…999+1=1000を利用できないでしょうか？

解答・解説・思考の流れ ☞ p.111

問題22

右のア～ケには1～9の異なる自然数が対応する．ただし，ア＞エ＞キであり，例えばイウは10，1の位の数がそれぞれイ，ウの2けたの自然数である．また，線分で結ばれる部分は，例えばイウ＝ア×エのように積を計算したものになる，という意味である．ア～ケを求めよ．

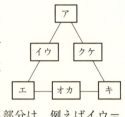

hint

取っかかりがなさそうで大変な問題です…．1～9の自然数を対等に見ていては答えはなかなか見つかりません．制限の強い数字を探してみましょう．例えば，ア，エ，キに1が入ることはありません．なぜなら，積が2けたにならないからです．しかし，1については，これ以上の情報は得られません．もっともっと制限が強い文字があります．それを探し出すことができれば，この問題の弱点が見つかるので，突き刺してしまいましょう！

解答・解説・思考の流れ ☞ p.113

問題23

　異なる47個の自然数の和が2000であるという．この47個の自然数の中には，最も少ない場合で偶数が何個あるか．

hint

　奇数個の奇数の和は奇数，偶数個の奇数の和は偶数です．偶数は何個足しても偶数です．ということは，47個の自然数は，「偶数個の奇数と奇数個の偶数」からなることがわかります．それなら，偶数が最も少ない場合は「1個」でしょうか?? 2000は意外と小さいですよ．

　ちなみに，奇数を1から順に足していくと，

　　2個：$1+3=4$ 　　　　　　3個：$1+3+5=9$

　　4個：$1+3+5+7=16$ 　　5個：$1+3+5+7+9=25$

となり，ちょうど「(個数)^2」となります．

解答・解説・思考の流れ ☞ p.115

第3章 Level 2

● ヒント

問題24

2以上の自然数 n がある. 1, 2, 3, $\cdots$, n から1つ取り除いた $n-1$ 個の自然数の平均が $\dfrac{590}{17}$ になるという. n と取り除いた数の値を求めよ.

hint

1 から n までの自然数の和 S は

$$S = 1 + 2 + \cdots\cdots + (n-1) + n$$
$$\underline{+\,)S = n + (n-1) + \cdots\cdots + 2 + 1}$$
$$2S = (n+1) + (n+1) + \cdots\cdots + (n+1) = n(n+1)$$

$$\therefore \quad S = \frac{n(n+1)}{2}$$

です.よって,n 個の平均は $\dfrac{n+1}{2}$ です.n がそこそこ大きいとしたら,1つ取り除いても平均はあまり変化しないはずですから

$$\frac{n+1}{2} \fallingdotseq \frac{590}{17} \quad \therefore \quad n+1 \fallingdotseq \frac{2 \cdot 590}{17} = 69.41\cdots\cdots$$

と考えられます.また,「$n-1$ 個の平均 $\dfrac{(n-1\text{個の和})}{n-1}$ の分母」が17なので,n はおそらく69です($17 \times 4 = 68$)！

解答・解説・思考の流れ ☞ p.117

問題25

図のように半径20, 中心角144°の扇形があり, C, D, E, F, G, H, I は弧ABを8等分する点である. 弦と弧を境界とする図の色をつけた部分の面積を求めよ.

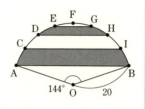

hint

円弧と弦で囲まれる部分の面積は, 扇形から二等辺三角形を引くことで求めます. うまく組合せて考えると, 「144°, 8等分」の作為性に気付くはずです. もちろん, 弧を等分したら中心角も等分されますね.

三角比を用いた面積公式

$$\triangle ABC = \frac{1}{2} AB \cdot AC \cdot \sin \angle BAC$$

も使えます.

解答・解説・思考の流れ ☞ p.119

問題26

31けたの自然数がある．この整数のどの隣り合う2つの位の数を取り出して得られる2けたの数（30個）もすべて17か23の倍数になるという．また，31個の数のうち1つだけが7であるという．この31けたの自然数の各位の数の和を求めよ．

hint

取っ付きにくい問題ですが，17，23の倍数を列挙して，1の位と10の位の数をよく観察すると，あることに気付きます．また，7が1つだけ含まれるとのことですが，ここにとても重要な情報が含まれています！

解答・解説・思考の流れ ☞ p.121

問題27

図の三角形ABCは∠ABC =∠BAC = 15°の二等辺三角形であり，辺AB上に点Dを∠BCD = 15°となるようにとるとAD = 10となるという．三角形ABCの面積を求めよ．

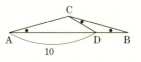

hint

三角比を用いても良いですが，ここでは初等的にやってみましょう！

15°を2つ合わせたら30°という有名角になります．AC = BCとなっていることに注目すると，ある台形と面積が等しくなりませんか？

解答・解説・思考の流れ ☞ p.123

問題28

下の (ア)〜(オ) の中に，3 つの連続する 2 けたの自然数の積になっているものがある．それを選べ．

(ア) 1321   (イ) 12144   (ウ) 980100   (エ) 5812   (オ) 44568

hint

・連続 3 整数の積は必ず 6 の倍数になります．

・2 けたの連続 3 整数の積は $10 \times 11 \times 12 = 1320$ と $97 \times 98 \times 99 = 941094$ の間の数です．

これで何個か消えますね．

解答・解説・思考の流れ ☞ p.125

問題29

　自然数1, 2, 3, 4, 5, 6, 7, 8, 9, 10, …から

$$1+2=3, \ 4+5+6=7+8,$$

$$9+10+11+12=13+14+15, \ \cdots$$

という計算式を作ることができる．これら計算式の「計算結果」は順に

$$3, \ 15, \ 42, \ \cdots$$

である．123 が含まれる式の「計算結果」を求めよ．

hint

　各計算式の始めの数字を見ていると，

$$1, \ 4, \ 9, \ 16, \ \cdots$$

となっていて，ある法則に気付きます．

　また，計算式に登場する自然数の個数は，

左辺：2個，3個，4個，…

右辺：1個，2個，3個，…

となっているので，この個数にも法則性が見えます．

　ちなみに，自然数M, $N \, (M < N)$に対し，MからNまでの$N - M + 1$個の自然数の和Sは，

$$S = M + (M+1) + \cdots\cdots + (N-1) + N$$
$$+)\ S = N + (N-1) + \cdots\cdots + (M+1) + M$$
$$\overline{2S = (M+N) + (M+N) + \cdots\cdots\qquad\qquad\qquad}$$
$$\qquad\qquad\qquad + (M+N) = (M+N)(N-M+1)$$

$$\therefore\quad S = \frac{(M+N)(N-M+1)}{2}$$

と計算できます．

解答・解説・思考の流れ ☞ p.127

問題30

図の四角形ABCDはAB＝BC＝CDであり，∠ABC＝168°，∠BCD＝108°である．このとき，∠ADCを求めよ．

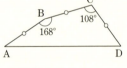

hint

108°という角度に作為性を感じませんか？しかも168°＝108°＋60°と考えることができるので…BC，CDに沿って「ある図形」をくっつけると，同時に，ABに沿って「別の図形」がくっついたことに気付くのではないでしょうか．

解答・解説・思考の流れ ☞ p.129

問題31

AB = CD = 6, BC = DA = 9の長方形ABCDにおいて, 辺DA上に点Eをとり, 線分AC, BEの交点をF, 線分AC, BDの交点をG, 線分BD, CEの交点をHとする. △ABF + △CDH = 19のとき, 四角形EFGHの面積を求めよ.

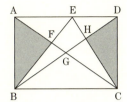

hint

1つ1つの三角形の面積は不明で, 和だけがわかっていることを利用します.

長方形の面積は54です. その半分の面積27の三角形は, 三角形ABC, ACD, BCD, ABD, BCEがあります. その半分の面積 $\dfrac{27}{2}$ になるのが, 三角形ABG, BCG, CDG, DAGです (GがAC, BDそれぞれの中点になっているからです). また,

$$\triangle BFG + \triangle CHG = \triangle ABG + \triangle CDG - (\triangle ABF + \triangle CDH)$$
$$= \dfrac{27}{2} + \dfrac{27}{2} - 19 = 8$$

という重要な情報が隠されています! さぁ, ここからどうしましょうか?

解答・解説・思考の流れ ☞ p.131

問題32

　10個の自然数があり，そのうち2個は同じ数である．
10個から1個を除いた9個の数の和をすべて挙げると，
82, 83, 84, 85, 87, 89, 90, 91, 92 の9通りになるとい
う．10個のうち，最大のものを求めよ．

hint

　10個の和から1個分を引いたものが9個の和です．例えば，10
個の和から最大の数を引くと82です．2番目に大きい数を引くと
83です．ここに1の差があることに注目します．9通りの和の変
化（差）を見ると…

$$1, \ 1, \ 1, \ 2, \ 2, \ 1, \ 1, \ 1$$

　よって，最大のものを n とおくと，9種類の自然数は，大きい
方から順に

$$n, \ n-1, \ n-2, \ n-3, \ n-5, \ n-7, \ n-8, \ n-9, \ n-10$$

$$-1 \quad -1 \quad -1 \quad -2 \quad -2 \quad -1 \quad -1 \quad -1$$

となります．どれかが2個あります．

　これら9個の和は82, 83, 84, 85, 87, 89, 90, 91, 92のどれ
かになっているはずです．

　ここに作為性がありますね？

解答・解説・思考の流れ ☞ p.133

問題 33

n を 3 以上の整数とする. 1 から $3n$ までの番号が書かれた $3n$ 枚のカードを A, B, C の 3 人に n 枚ずつ配る.

(1) カードの配り方は何通りあるか. $n!$, $(3n)!$ の式で表せ.

(2) A のカードの番号の最小値が $n+1$ で, B のカードの最小値が $2n-1$ である配り方は何通りあるか.

hint

配るもの (カード) に区別があり, 配られる側 (A, B, C の 3 人) にも区別があるので, (1) は簡単に考えれば良いでしょう. $_a\mathrm{C}_b = \dfrac{a!}{b!(a-b)!}$ を利用して計算できます.

(2) の条件はかなり強い制限になっているようです (特に B). 具体的な n で実験してみるとよくわかります.

解答・解説・思考の流れ ☞ p.135

問題34

　1，2，3，4，5の数字が1つずつ書かれた5枚のカード
が横一列に並んでいる．このカードの中から隣り合って置
かれている2枚のカードを無作為に選んで入れかえる操作
を繰り返す．ただし，最初の状態では，数字の小さい順に
左から1，2，3，4，5と並んでいるものとする．

(1) 2回の操作を終えた後のカードの並び方は，全部で何通
　　りあるか．

(2) 4回の操作の過程で，数字3の書かれたカードが1回も
　　動かされることがない確率を求めよ．

hint

　各回での選び方は4通り．(1)はシラミツブシが早いでしょう！
(2)は意味がわかれば，とても簡単な問題です．3が動かないとい
うことは，それ以外の数字ばかりが動いている，ということです．
3以外の数字の動きが大事なのです．

解答・解説・思考の流れ ☞ p.137

問題35

実数 a, b に対して，$f(x) = x^2 - 2ax + b$，$g(x) = x^2 - 2bx + a$ とおく．

(1) $a \neq b$ のとき，$f(c) = g(c)$ を満たす実数 c を求めよ．

(2) (1)で求めた c について，a, b が条件 $a < c < b$ を満たすとする．このとき，連立不等式「$f(x) < 0$ かつ $g(x) < 0$」が解をもつための必要十分条件を a, b を用いて表せ．

hint

$f(x)$，$g(x)$ は x^2 の係数がともに1であったり，係数の文字を共有していたり，x の係数に2がついていたり…かなり作為的です．(1) の意味をよく考えれば，(2) はグラフから即座にわかってしまいます！

解答・解説・思考の流れ ☞ p.139

問題36

2次関数 $f(x) = x^2 - ax + a - 2$ について考える.

(1) a の値に関わらず,放物線 $y = f(x)$ が通る点を求めよ.

(2) 2次方程式 $f(x) = 0$ が少なくとも1つの負の実数解をもつような a の値の範囲を求めよ.

hint

(1)は a の恒等式になるような (x, y) を求める問題です.

(2)は,「負の解が1個または2個で場合分け」とか「軸の位置で場合分け」とか,定石通りに解くと,そんなことになります.例えば,負の2解をもつ条件は「$D \geqq 0$,かつ,軸が $x < 0$ の範囲にあり,かつ,$f(0) > 0$」です.「$x = 0$ が解」のときは丁寧に扱う必要もありそうです.

しかし,(1)があるので,グラフから一瞬で解けてしまいますよね?

解答・解説・思考の流れ ☞ p.141

問題37

$\sqrt{17}$ のおよその値を求めたい.

(1) $a > 0$ に対し, $\sqrt{a+1} < \dfrac{1}{2}a + 1$ が成り立つことを示せ.

(2) 2次不等式 $\left(\dfrac{12}{25}a + 1\right)^2 < a + 1$ を解け.

(3) $\dfrac{\sqrt{17}}{4} = \sqrt{x+1}$ を満たす x を求めよ.

(4) $\dfrac{m}{200} < \sqrt{17} < \dfrac{m+1}{200}$ を満たす自然数 m を求めよ. また, $\sqrt{17}$ の小数第3位を四捨五入した値を求めよ.

第3章

Level 2

● ヒント

hint

(1) は両辺を2乗したもので考えると良いでしょう. (2) は展開して整理すれば, ただの計算問題です. (3) は両辺を2乗してもよいですし, 左辺を右辺の形に近づけることを考えてもよいでしょう.

これら各設問の意味をよく考えて, (4) につなげましょう！誘導の意味を読みとることは大事です！

解答・解説・思考の流れ ☞ p.143

93

問題38

p, qは自然数とする. $\dfrac{p+1}{q+3}=0.4\cdots$①を満たす$p$, qを考える.

(1) p, qがともに10以下のとき, ①を満たす組(p, q)をすべて求めよ.

(2) (p, q)が①を満たすとき, $(p+2, q+a)$も①を満たすという. このような自然数aを求めよ.

(3) ①を満たす(p, q)に対し, $p+q < 30$の範囲における$p+q$の最大値を求めよ.

hint

(1)は真面目に考えても良いですが…

不真面目に考えて, 0.4を分数で表してみると

$$\frac{2}{5}, \ \frac{4}{10}, \ \frac{6}{15}, \ \frac{8}{20}, \ \frac{10}{25}, \ \cdots$$

となることからわかるのでは？

(2)の答えは, (1)からわかってしまいますね…

(3)は丁寧に探しましょう.

解答・解説・思考の流れ ☞ p.145

問題39

a, b は正の実数で，$\dfrac{a}{b}$ は整数でないとする．$\dfrac{a}{b}$ をこえない最大の整数を m とし，$\dfrac{b}{a-bm}$ をこえない最大の整数を n とする．すなわち m, n は $m < \dfrac{a}{b} < m+1, \ n \leqq \dfrac{b}{a-bm} < n+1$ を満たす整数である．

(1) $a = 17, \ b = 3$ のとき，m, n を求めよ．

(2) $\dfrac{9}{4} < \dfrac{a}{b} \leqq \dfrac{7}{3}$ であるとき，m, n を求めよ．

(3) $m = n = 2$ となるときの $\dfrac{a}{b}$ のとりうる値の範囲を求めよ．

---

hint

例えば

$\dfrac{a}{b} = 2.3$ なら，$m = 2$ です．

$\dfrac{a}{b} = 3$ なら，$m = 3$ ですが，本問では $\dfrac{a}{b}$ は整数でないことにするので，$\dfrac{a}{b} = 3$ は考えません．

(1)で雰囲気を探り，(2)，(3)が勝負です．$\dfrac{b}{a-bm}$ は少し変形すると $\dfrac{a}{b}$ の式になります．

問題を見た段階で(3)まで目を通しておくと，「何だか $\dfrac{a}{b}$ がキーになりそうだぞ」と考えることができるかも知れませんね．(2)の $\dfrac{9}{4} < \dfrac{a}{b} \leqq \dfrac{7}{3}$ は作為的ですよ！

解答・解説・思考の流れ ☞ p.147

問題40

　座標平面上に2点A$(1, 0)$, B$(-1, 0)$と直線lがあり，Aとlの距離とBとlの距離の和が1であるという．

(1) lはy軸と平行でないことを示せ．

(2) lが線分ABと交わるとき，lの傾きを求めよ．

(3) lが線分ABと交わらないとき，lと原点との距離を求めよ．

hint

(1)は「でない」の証明なので…

(2), (3)は座標で考えるとややこしいですが，うまく図形的に考えてみるとわかりやすいでしょう．

解答・解説・思考の流れ☞p.149

問題14

底辺の長さが8の平行四辺形を図のように三角形，平行四辺形，台形の3つの図形に分けたとき，面積が順に21，15，24となった．このとき，右端の台形の上底と下底の長さの差を求めよ．

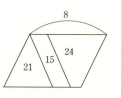

解答・解説・思考の流れ

ここがポイント！

補助線を引き，「上底と下底の長さの差」を作図する．

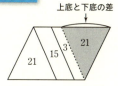

すると，台形は平行四辺形と三角形に分かれるが，三角形は，左端の三角形と合同になっている．よって，面積は図のようになる．

次に，左端の三角形を右にスライドさせて，新しい平行四辺形を作る．

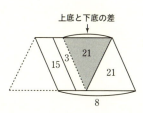

この平行四辺形は3つの平行四辺形に分割されており，面積は左から順に15，3，42である．全体の面積は60である．この面積の比は，底辺の長さの比と等しいので，

ここがポイント！

（上底と下底の長さの差）：8 = 42：60

（上底と下底の長さの差）= $\dfrac{42 \times 8}{60}$ = 5.6

である.

*　　　*　　　*

　高さを求めてから考えても良いですが，求めなくても「上底と下底の長さの差」はわかります.「わかっている長さ8の何倍になるか？」と考えました.

教訓

「求めよ」と言われたものだけを求める方法を考えよう.

Check	1 /	□ ヒントなしで解けた □ ヒントを見たら解けた □ 解答を見たらわかった □ 解答を見てもわからない

Check	2 /	□ ヒントなしで解けた □ ヒントを見たら解けた □ 解答を見たらわかった □ 解答を見てもわからない

問題15

図において,四角形ABCD,AEFGはともに正方形で,Gは線分BD上にある.BD = 30,△ABG = 105のとき,線分BEの長さを求めよ.

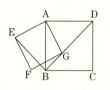

解答・解説・思考の流れ

三角形AGD,AEBにおいて,

$$AG = AE,\ AD = AB,\ \angle GAD = 90° - \angle BAG = \angle EAB$$

より,これらは合同である.

ここがポイント!

よって,BE = DG = 30 − BG であるからBGを求めればよい.

△ABGはBGを底辺としたら,高さは15である(ACの半分,AC = BD = 30).よって,

$$\frac{1}{2} \cdot BG \cdot 15 = 105 \quad \therefore \quad BG = 14$$

である.

よって,

$$BE = DG = BD - BG = 30 - 14 = 16$$

である.

*   *   *

三角比,座標,ベクトルなど図形を攻略する技術はたくさんあ

りますが，本問は合同を利用しないと，かなり大変になります．

三角形AEBをAのまわりに90°回転すると三角形AGDに重なります．これが見えたら勝ちです！

教訓

パッとはわからないものを考えなければならないとき，間接的に求める方法を考えます．求めたいものと同じになるものを探し，そこから逆算的にキッカケをつかもう．

Check 1 /
□ ヒントなしで解けた
□ ヒントを見たら解けた
□ 解答を見たらわかった
□ 解答を見てもわからない

Check 2 /
□ ヒントなしで解けた
□ ヒントを見たら解けた
□ 解答を見たらわかった
□ 解答を見てもわからない

問題16

4つの3けたの自然数があり，次のア〜オを満たしている．

ア．いずれも9で割り切れない

イ．百の位の数が1のものがある

ウ．百の位の数の和は22である

エ．下2けたは95，83，80，72である

オ．百の位の数が素数のものは，下2けたが80より大きく，

　　そうでないものは80以下である

　　4つの自然数を求めよ．

解答・解説・思考の流れ

　イから百の位が1のものがあり，それは，オ，エから180または172しかありえない（1は素数ではない）．

　しかし，$1+8+0=9$，$1+7+2=10$なので，アを満たすものは172しかない．

ここがポイント！

　残り3つを求めよう．百の位の数は

$$素　数：2，3，5，7から2つ$$

$$その他：1と4，6，8，9から1つ$$

であるが，4つ足して22になるという条件ウから，素数：5，7とその他：9しかありえない．なぜなら，1が含まれるので，できるだけ大きくなるようにしてやっと$1+5+7+9=22$となり，

ここがポイント！

101

それ以外では22未満になるからである.

　よって，下2けたが80のものは980と決まる．残りは

$$「595，783」または「795，583」$$

であるが，アを満たすのは「795，583」である（783は9の倍数）.

　以上から172，583，795，980しかなく，これはア〜オを満たす（「〜しかない」で議論してきたので，念のために，本当に答えかどうかを検証）.

　よって，172，583，795，980である.

＊　　　　＊　　　　＊

　条件が多くて混乱してしまいます．制限が強い条件に注目しつつ，広い視野で組合せるのが大事です．ウから$1 + 5 + 7 + 9 = 22$を見抜くことが，この問題の最大のポイントです.

教訓
どの条件から特定していくか．複雑に入り組んだ中から唯一の道を探しましょう．そのためには，ただ眺めるだけではなく，実際に当てはめていって，制限の強さをチェックしていくしかありません.

Check 1／
□ヒントなしで解けた
□ヒントを見たら解けた
□解答を見たらわかった
□解答を見てもわからない

Check 2／
□ヒントなしで解けた
□ヒントを見たら解けた
□解答を見たらわかった
□解答を見てもわからない

問題17

図のように正三角形ABEと台形ABCDがある．

ADとBCは平行で，Eは辺CD上にある．このとき，四角形ABCEの面積と三角形ADEの面積の比を求めよ．

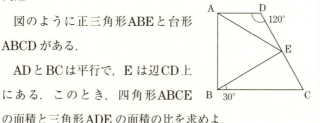

解答・解説・思考の流れ

ADとBCは平行なので，∠BCD = 60°である．三角形BCEの内角の和に注目して，∠BEC = 90°である．Eの周りの3つの角の和は180°なので，∠AED = 30°である．三角形ADEの内角の和に注目して，∠DAE = 30°である．

よって，三角形ADEは二等辺三角形であることがわかった．

ここがポイント！

正三角形ABEの重心をGとおくと，図のように，3つの三角形AGB，BGE，EGAはすべて三角形ADEと合同である．よって，△ABE = 3 × △ADEである．

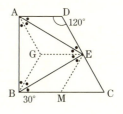

次に，線分BCの中点をMとすると，三角形BCEは面積の等しい2つの三角形に分かれる．そのうち，三角形ECMは正三角形になるから，三角形BMEは∠EBM = ∠BEM = 30°，∠BME = 120°となり，三角形ADEと合同である．よって，△BCE = 2 × △ADEである．

以上から，四角形ABCEの面積と三角形ADEの面積の比は
5 : 1 である．

＊　　　　＊　　　　＊

どこかの長さを文字でおき，面積をその文字で表すこともできます．しかし，比を求めるだけで良い（比が求まる）のだから，解答のように考えれば良いでしょう．登場する角度が作為的な雰囲気をかもし出しているので，「合同で攻めきれるかな？」と考えることができます．

教訓
比を求めるだけでよいので，長さを考えたりする必要はありません．不要なことをやらないように気を付けよう．

Check	1 /	□ ヒントなしで解けた □ ヒントを見たら解けた □ 解答を見たらわかった □ 解答を見てもわからない

Check	2 /	□ ヒントなしで解けた □ ヒントを見たら解けた □ 解答を見たらわかった □ 解答を見てもわからない

問題18

　異なる4つの自然数を小さい方から順に並べ，隣り合った2数の和を求めると，順に28，32，59であった．4つの自然数の中で最大のものを求めよ．

解答・解説・思考の流れ

　4つの自然数をa，b，c，$d\,(a<b<c<d)$ とおくと，

$$a+b=28 \quad\cdots\cdots\quad ①$$
$$b+c=32 \quad\cdots\cdots\quad ②$$
$$c+d=59 \quad\cdots\cdots\quad ③$$

である（4文字で3式なので，普通には解けない！）．

　②$-$① を考えて

$$c-a=4 \quad\therefore\quad c=a+4$$

である．すると，$a<b<a+4$ より，

> ここがポイント！

$$b=a+1 \quad \text{または} \quad a+2 \quad \text{または} \quad a+3$$

となる．順に $a+b$ は $2a+1$，$2a+2$，$2a+3$ となるが，これが 28 という偶数になるので，$a+b=2a+2$ つまり，$b=a+2$ である．さらに，$2a+2=28$ より，

> ここがポイント！

$$a=13,\ b=15$$

である．すると，

$$c=a+4=17$$

であり，最大の数 d は③より

$$d = 59 - c = 42$$

である.

＊　　　＊　　　＊

$a + b = 28\,(a < b)$ より,

$(a,\ b) = (1,\ 27),\ (2,\ 26),\ \cdots,\ (13,\ 15)\ \cdots\cdots\ (*)$

しかありえません. $b \geqq 15$ です. しかも $b + c = 32$, $b < c$ から $(b,\ c) = (15,\ 17)$ と決めることができます. よって, $(a,\ b,\ c) = (13,\ 15,\ 17)$ とわかります. d は簡単にわかるので, これで答えを求めることができます.

　上記解答の流れに気付かなくても「書き出しとシラミツブシでいけるかな」と判断して $(*)$ のすべてを考える「気合い」も大事です！

教訓

いざとなったらシラミツブシ. その個数をいかに減らすか工夫しましょう.

Check 1 /	Check 2 /
□ ヒントなしで解けた □ ヒントを見たら解けた □ 解答を見たらわかった □ 解答を見てもわからない	□ ヒントなしで解けた □ ヒントを見たら解けた □ 解答を見たらわかった □ 解答を見てもわからない

問題19

$$\frac{1}{9} \times \frac{3}{11} \times \frac{5}{13} \times \frac{7}{15} \cdots$$

と，$\dfrac{2k-1}{2k+7}$（k は自然数）という形の分数を，$k=1$，2，3，…の順に次々とかけ合わせていく．この値が初めて $\dfrac{1}{10000}$ 未満になるのは何個の分数をかけたときであるか答えよ．

解答・解説・思考の流れ

n 個かけると，大量に約分されて

$$\frac{1}{9} \times \frac{3}{11} \times \frac{5}{13} \times \frac{7}{15} \times \frac{9}{17} \times \cdots \times \frac{2n-9}{2n-1} \times \frac{2n-7}{2n+1} \times \frac{2n-5}{2n+3} \times \frac{2n-3}{2n+5} \times \frac{2n-1}{2n+7}$$

$$= \frac{105}{(2n+1)(2n+3)(2n+5)(2n+7)}$$

である．これが $\dfrac{1}{10000}$ 未満になるとは，

$$(2n+1)(2n+3)(2n+5)(2n+7) > 1050000$$

ということである．左辺を概算すると，$(2n+4)^4$ くらいである．

$30^4 = 810000$ に注目し，この辺りに答えがあると推測できる．そこで，思い切って

$$31 \cdot 33 \cdot 35 \cdot 37 = 1324785$$

と計算すると，これが答えかと思われる．本当に「初めて」かを調べると，

$$29 \cdot 31 \cdot 33 \cdot 35 = 1038345$$

より，1つ前は105万以下になるので，確かに上記が「初めて」である．

> ここがポイント！

このとき，最後にかけたのは $\dfrac{29}{37}$ であるから，

$$2n - 1 = 29 \quad \therefore \quad n = 15$$

より，求める答えは15個である．

＊　　　＊　　　＊

たくさんの分数の積の形は，まったく見慣れない形なので，戸惑ってしまいます．しかし，ちょっと実験すると，ほぼすべて約分されることに気付きます．また，105万という大きい数を扱うには，概算の感覚が必要になります．

教訓
整数についての不等式は，あてはめで解くほうが早いことがあります．

Check 1／
□ヒントなしで解けた
□ヒントを見たら解けた
□解答を見たらわかった
□解答を見てもわからない

Check 2／
□ヒントなしで解けた
□ヒントを見たら解けた
□解答を見たらわかった
□解答を見てもわからない

問題20

n を自然数とする．$\dfrac{15}{n}$ を小数で表すとき，$\dfrac{15}{4}=3.75$，$\dfrac{15}{125}=0.12$ のように，小数第2位に0でない数が入って終わるような有限小数で表されるものは，何個あるか．

解答・解説・思考の流れ

小数第2位までの有限小数で表される数は，自然数 m を用いて $\dfrac{m}{100}$ と表すことができるので，

$$\frac{15}{n}=\frac{m}{100} \quad \therefore \quad mn=1500$$

が成り立つ．つまり，m，n は $1500=2^2 \cdot 3 \cdot 5^3$ の約数であることが必要である．

約数の個数の数え方は，問題11の **hint** を参照．

しかし，m が10の倍数であるときに $\dfrac{15}{n}$ は小数第1位までの有限小数（特に100の倍数なら整数）になってしまう．ゆえに，mn $=1500$ となるもののうち，m が10の倍数にならないものを考えれば良い．つまり，m は「奇数（$3 \cdot 5^3$ の約数）」または「5の倍数でない（$2^2 \cdot 3$ の約数）」であるから，重複の「奇数，かつ，5の倍数でない（1と3）」に注意して，m は

$$2 \times 4 + 3 \times 2 - 2 = 12 \text{ 個}$$

ある．よって，このような n は12個ある．

* * *

$0.01 = \dfrac{15}{1500}$ なので，$n \leqq 1500$ だけ考えれば良いとわかります．しかし，1500 個をシラミツブシで考えるのはかなり困難です．

そこで，$\dfrac{m}{100}$ と表すことができることに注目します．すると，1500 の正の約数を考えることになり，それは全部で $3 \times 2 \times 4 = 24$ 個あります．24 個の n をすべて列挙して，割り算して検証しても「12 個」と特定できます．

解答のやり方では，$\dfrac{m}{100}$ と表すことができると気付いても，「m が 10 の倍数のときはダメ」とは気づきにくいかも知れません．つまり，$0.1 = \dfrac{15}{150}$ のようなものを除外することです．

答えに確信をもつためにも，具体的な n で実験・検証しておくべきでしょう！

教訓　見落としに注意！「本当に答えか？」をチェックしよう．

Check 1/
□ ヒントなしで解けた
□ ヒントを見たら解けた
□ 解答を見たらわかった
□ 解答を見てもわからない

Check 2/
□ ヒントなしで解けた
□ ヒントを見たら解けた
□ 解答を見たらわかった
□ 解答を見てもわからない

問題21

　A, B, C を 0 以上 9 以下の整数とする．6 けたの自然数 $5ABC15$ が 999 の倍数になるとき，A, B, C を求めよ．

解答・解説・思考の流れ

$$5ABC15 = 5AB \times 1000 + C15 = 5AB \times 999 + 5AB + C15$$

である．$5AB \times 999$ が 999 の倍数なので，求める条件は $5AB + C15$ が 999 の倍数になることである．

ここがポイント！

　ここで，$5AB + C15$ は，大雑把に考えて 500 以上 1600 以下の自然数なので，これが 999 の倍数になるということは，

$$5AB + C15 = 999$$

しかありえないことがわかる．

　すると，1 の位から $B = 4$ で，繰り上がらないから，$A = 8$ となり，$C = 4$ もわかる．以上から，$A = 8$, $B = 4$, $C = 4$ である．

＊　　　　＊　　　　＊

　999 の倍数で 5 ●●● 5 となるものを列挙し，$5ABC15$ となるものを探すという解法も考えられます．$999 \times 505 = 504495$ から始めて 5 の倍数になる奇数を次々かけていき，答えの $999 \times 585 = 584415$ まで頑張ることになります．なかなか大変です．他にないことも確認すべきですから，$999 \times 595 = 594405$ まで調べ

ることになります.

合理的に攻めるには，999の作為性から，「$5AB + C15$」に注目しましょう．さらに，999の倍数が999おきに現れることに注目して，「$5AB + C15 = 999$ しかない」という強烈な条件に気付くことができます．最後の部分も算数的な処理です．ここの別解としては，次のようなものがあります．

最後の部分の別解

$$5AB + C15 = 500 + AB + C \times 100 + 15 = 515 + CAB$$

から，

$$CAB = 999 - 515 = 484 \quad \therefore \quad A = 8,\ B = 4,\ C = 4$$

とすることができます.

これも算数的ですね．

問題22

右のア～ケには1～9の異なる自然数が対応する．ただし，ア＞エ＞キであり，例えばイウは10，1の位の数がそれぞれイ，ウの2けたの自然数である．また，線分で結ばれる部分は，例えばイウ＝ア×エのように積を計算したものになる，という意味である．ア～ケを求めよ．

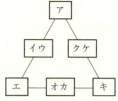

解答・解説・思考の流れ

5は，イ，オ，クにしか入ることができない．なぜなら…

- 例えば，アに入ったら，ウが0か5になり不適．よって，ア，エ，キには入らない．
- 例えば，ウに入ったら，アかエが5になり不適．よって，ウ，カ，ケには入らない．

1～9の2数の積で10の位が5になるのは

$$7 \times 8 = 56, \quad 6 \times 9 = 54$$

しかない．

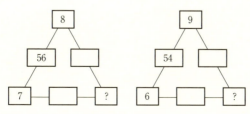

113

前者の場合，？＝1，2，3，4，9のどれを入れても不具合が起こり，不適である．

後者の場合，？＝1，2，3，7，8のうち，？＝3のみが適する．大小も考慮して，右のように決まる．よって，

ア＝9，イ＝5，ウ＝4，エ＝6，オ＝1，
カ＝8，キ＝3，ク＝2，ケ＝7

である．

＊　　　＊　　　＊

他にも，「8，9がイ，オ，クに入れない」がわかりますが，「5」の特殊性に比べたら，条件としては弱いです．5の倍数の1の位の数は必ず0か5です．5に注目できなければ，ほぼ負けが決まってしまいます（ア，エ，キの選び方 $_{10}C_3 = 120$ 通りについて，シラミツブシできれば解けますが…）．

教訓　シラミツブシする個数をできるだけ減らすように考えるのが大事！

Check 1/
□ヒントなしで解けた
□ヒントを見たら解けた
□解答を見たらわかった
□解答を見てもわからない

Check 2/
□ヒントなしで解けた
□ヒントを見たら解けた
□解答を見たらわかった
□解答を見てもわからない

問題23

　異なる47個の自然数の和が2000であるという．この47個の自然数の中には，最も少ない場合で偶数が何個あるか．

解答・解説・思考の流れ

　47個の自然数は，和が偶数なので，「偶数個の奇数と奇数個の偶数」からなる．

　偶数が1個しかないとき，奇数が46個となる．小さい方から46個の奇数の和でも

$$1+3+5+\cdots+(2\times46-1)=46^2=2116>2000$$

となってしまう．これでは2000を超えてしまい，不適である．

　偶数が3個のとき，奇数は44個となる．小さい方から44個の奇数の和は

$$1+3+5+\cdots\cdots+(2\times44-1)=44^2=1936$$

となる．2000まで残り64で，これを3つの偶数の和で書くことができれば，答えは「3個」と決まる．例えば

$$2+4+58=64$$

である．よって，求める個数は3個である．

* 　　* 　　*

「47個,和2000」というのが絶妙な設定になっています.安易に「1個では?」と考えてみて,46個の奇数の和を考えてみると,初めて数字の意味がわかるのです.また,「3個」と確定させるためには,具体例を1つ構成しなければなりません.

上記以外にも例はありますが,1つ構成できればOKです.「そんなものをすべて求めよ」であれば,かなり面倒な問題になります.今回は,他の例を考えてはなりません!

> **教訓** 難問も何かのキッカケで解けます.それは,実験などで自力で見つけるしかありません.

> **教訓** 答えが「3つ」と決める以外の無駄なことをやらないように!

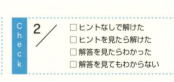

問題24

2以上の自然数 n がある. $1, 2, 3, \cdots, n$ から1つ取り除いた $n-1$ 個の自然数の平均が $\dfrac{590}{17}$ になるという. n と取り除いた数の値を求めよ.

解答・解説・思考の流れ

$n-1$ 個の平均について考える. n を除いたものが最小で,

$$\frac{1+2+\cdots\cdots+(n-1)}{n-1} = \frac{1}{n-1}\cdot\frac{(n-1)n}{2} = \frac{n}{2}$$

であり, 1を除いたものが最大で,

$$\frac{2+3+\cdots\cdots+n}{n-1} = \frac{1+2+\cdots\cdots+(n-1)}{n-1}+1 = \frac{n}{2}+1$$

> ここがポイント！

である. この間に $\dfrac{590}{17} = 34.70\cdots$ が入るので,

$$\frac{n}{2} \leqq 34.70\cdots \leqq \frac{n}{2}+1 \quad \therefore \quad n = 68,\ 69$$

しかない. また,

$$\frac{590}{17} = \frac{(n-1)\text{個の自然数の和}}{n-1}$$

> ここがポイント！

において, 17と590は互いに素なので, $n-1$ は17の倍数である. さらに, $68 = 17 \times 4$ より, $n-1 = 68$ つまり $n = 69$ が必要である.

分母を68にすると $\dfrac{590}{17} = \dfrac{2360}{68}$ となるので, 1個除いた68個の和が2360である.

117

$$1+2+3+\cdots\cdots+69 = \frac{69 \cdot 70}{2} = 2415$$

なので，除いた数は $2415 - 2360 = 55$ である（十分）．

以上から，$n=69$ であり，取り除いた数は 55 である．

＊　　　＊　　　＊

数列の和の計算が入っています．弱点が見えにくい問題ですが，概算と約分された後の分母 17 から，$n=69$ を特定します．最後は約分の逆計算を行いました．

> **論証**
> こたえは $n=69$ しかない（必要）．55 を除いたらすべてうまくいく（十分）．よって，答えは $n=69$ と確定．
> この流れが大事．

問題25

図のように半径20, 中心角144°の扇形があり, C, D, E, F, G, H, Iは弧ABを8等分する点である. 弦と弧を境界とする図の色をつけた部分の面積を求めよ.

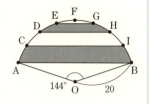

解答・解説・思考の流れ

144°を8等分すると, 18°である.

弦EGと弧EGで囲まれる部分の面積は, 中心角36°の扇形の面積から頂角36°の二等辺三角形の面積を引いて得られるので,

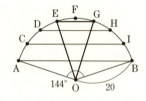

$$\pi \cdot 20^2 \cdot \frac{36}{360} - \frac{1}{2} \cdot 20^2 \sin 36° = 40\pi - 200\sin 36° \quad \cdots\cdots ①$$

である. 弦DHと弧DHで囲まれる部分の面積は,

$$\pi \cdot 20^2 \cdot \frac{72}{360} - \frac{1}{2} \cdot 20^2 \sin 72° = 80\pi - 200\sin 72° \quad \cdots\cdots ②$$

であり, 弦CIと弧CIで囲まれる部分の面積は,

$$\pi \cdot 20^2 \cdot \frac{108}{360} - \frac{1}{2} \cdot 20^2 \sin 108° = 120\pi - 200\sin 108° \cdots\cdots ③$$

である. さらに, 弦ABと弧ABで囲まれる部分の面積は,

$$\pi \cdot 20^2 \cdot \frac{144}{360} - \frac{1}{2} \cdot 20^2 \sin 144° = 160\pi - 200\sin 144° \cdots\cdots ④$$

である．求める面積は ④ − ③ + ② − ① である．

ここで，
$$36° + 144° = 180° \quad \therefore \quad \sin 36° = \sin 144°$$
$$72° + 108° = 180° \quad \therefore \quad \sin 72° = \sin 108°$$

であるから，求める面積は

ここがポイント！

$$(160 - 120 + 80 - 40)\pi = 80\pi$$

である（sin は消える！）．

＊　　　　＊　　　　＊

　等積変形によって，三角比を用いずに計算することもできます．また，手段を選ばないなら，数Ⅲの積分を利用することも可能ではあります．

教訓
> sin の値がわかりにくい角度がたくさん出てきましたが，値は不要でした．値が求まらないからといってあきらめてしまわないように!!

問題26

　31けたの自然数がある．この整数のどの隣り合う2つの位の数を取り出して得られる2けたの数（30個）もすべて17か23の倍数になるという．また，31個の数のうち1つだけが7であるという．この31けたの自然数の各位の数の和を求めよ．

第3章 Level2

● 解 答

解答・解説・思考の流れ

　2けたの17の倍数は

$$17, \ 34, \ 51, \ 68, \ 85$$

であり，2けたの23の倍数は

$$23, \ 46, \ 69, \ 92$$

である．この中で7が含まれるのは「17」のみである．また，10の位の数は「7がなく，6が2つ，1，2，3，4，5，8，9が1つずつ」あることに気付く．1の位の数は「1〜9が1つずつ」ある．

　この調査が大事

　まず，「17」の並びは，下2けたでなければならない（10の位に7がくるものがないから）．1の位が1なのは「51」のみなので，下3けたは「517」となる．このように考えていくと，その続きは

　ここがポイント！

　「85」「68」「46」「34」「23」「92」「69」「46」「34」「23」…

と1通りに定まる．つまり，

$$\cdots 2346923468517$$

121

である．これよりも先は「92346」の5数の繰り返しである．

全部で31けたなので，

46「92346」「92346」「92346」「92346」「92346」8517

となり，各位の数の和は

$$4+6+(9+2+3+4+6)×5+8+5+1+7＝151$$

である．

* * *

登場する2けたの数を観察すると，状況がよくわかります．「7」が1しかないのが作為的です．

教訓
この設定でしか解けないような問題ですから，問題とよく対話して，弱点を突いていくしかありません！

Check	1 /	□ ヒントなしで解けた □ ヒントを見たら解けた □ 解答を見たらわかった □ 解答を見てもわからない

Check	2 /	□ ヒントなしで解けた □ ヒントを見たら解けた □ 解答を見たらわかった □ 解答を見てもわからない

問題27

図の三角形ABCは∠ABC＝∠BAC＝15°の二等辺三角形であり，辺AB上に点Dを∠BCD＝15°となるようにとるとAD＝10となるという．三角形ABCの面積を求めよ．

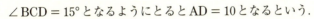

解答・解説・思考の流れ

三角形BCDをCのまわりに回転させて，BCがACと重なるように変形すると，図のような台形ADCEが得

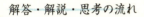

られる．求める三角形ABCの面積は，この台形の面積と一致する．

ここで，

$$\angle EAD = \angle CDA = 30°, \quad \angle AEC = \angle DCE = 150°,$$
$$AE = EC = CD$$

である．E，Cから線分ADに引いた垂線の足をそれぞれF，Gとおき，AE＝xとおくと，

$EF = CG = \dfrac{x}{2}$, $AF = GD = \dfrac{\sqrt{3}x}{2}$, $FG = x$

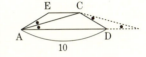

である．AD＝10に注目して

$$(\sqrt{3}+1)x = 10 \quad \therefore \quad x = \dfrac{10}{\sqrt{3}+1} = 5(\sqrt{3}-1)$$

であるから，求める面積は

$$\frac{1}{2} \cdot (x+10) \cdot \frac{x}{2} = \frac{5(\sqrt{3}+1) \cdot 5(\sqrt{3}-1)}{4} = \frac{25 \cdot 2}{4} = \frac{25}{2}$$

である．

＊　　　＊　　　＊

中途半端な長さ $AD = 10$ が与えられ，しかも $AC = BC$ となっているので，初等的に考えるなら，台形への変形は確定的です．しかも $30°$ が作れるわけですから！

教訓

与えられた角度を使って，$30°$，$45°$，$60°$，$90°$ などが作れないかを考えると，道が開くことがあります．

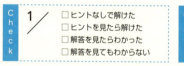
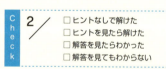

問題28

下の (ア)～ (オ) の中に，3 つの連続する 2 けたの自然数の積になっているものがある．それを選べ．

(ア) 1321　　(イ) 12144　　(ウ) 980100　　(エ) 5812　　(オ) 44568

解答・解説・思考の流れ

(ア) は奇数なので，除外できる．(エ) は 3 の倍数でないので，除外できる．(ウ) は $97 \times 98 \times 99 = 941094$ より大きいので，除外できる．

(イ) は 4 の倍数，3 の倍数であることに加え，$121 = 11^2$ と $44 = 11 \times 4$ が合わさっているから，11 の倍数になっていることがわかり，素因数分解が簡単にわかる．

ここがポイント！

$$12144 = 11 \times 11 \times 100 + 11 \times 4 = 11 \times 1104,$$
$$1104 = 2^2 \times 3 \times 92, \quad 92 = 2^2 \times 23$$

より，

$$12144 = 2^4 \times 3 \times 11 \times 23 = 22 \times 23 \times 24$$

である．よって，2 けたの連続 3 整数の積になっている．

次に (オ) について考える．4 の倍数で 9 の倍数でもあるから

$$44568 = 2^2 \times 3^2 \times 1238,$$
$$1238 = 2 \times 619$$

となる．619 は素数なので，44568 が 2 けたの連続 3 整数の積になることはない．

以上から，(イ) である．

＊　　＊　　＊

　具体的な整数値に対する感度を上げておくことは，とても大事です．「○で割り切れるかな？」「素数かな？」「素因数分解してみようかな」などで様子を探るのです．

教訓
数の個性を感じとろう！

問題29

自然数 1, 2, 3, 4, 5, 6, 7, 8, 9, 10, …から

$$1+2=3, \quad 4+5+6=7+8,$$
$$9+10+11+12=13+14+15, \quad \cdots$$

という計算式を作ることができる．これら計算式の「計算結果」は順に

$$3, \quad 15, \quad 42, \quad \cdots$$

である．123 が含まれる式の「計算結果」を求めよ．

解答・解説・思考の流れ

n個目の式は，

$$(左辺) = (n^2 \text{から始まる } n+1 \text{ 個の和})$$
$$(右辺) = (n^2+n+1 \text{ から始まる } n \text{ 個の和})$$

となることがわかる．実際，

$$(左辺) = \frac{\{n^2+(n^2+n)\}(n+1)}{2} = \boxed{\frac{n(n+1)(2n+1)}{2}}$$

$$(右辺) = \frac{\{(n^2+n+1)+(n^2+2n)\}n}{2} = \frac{(2n^2+3n+1)n}{2}$$

$$= \boxed{\frac{n(n+1)(2n+1)}{2}}$$

同じ

となり，確かに，この法則で計算式が作られる．

123 より小さい最大の平方数は $121 = 11^2$ なので，上式で $n=11$ を代入した

$$\frac{11 \cdot 12 \cdot 23}{2} = 1518$$

が求める「計算結果」である.

＊　　　＊　　　＊

　始めの数, 個数から法則が見つかりやすい問題でした. しかし, 法則の証明には数列の和の計算が必要になり, 少し厄介でしたね.

アドバイス！　気付いた法則は, n を用いた形でまとめてみよう！

問題30

図の四角形ABCDはAB＝BC＝CDであり，∠ABC＝168°，∠BCD＝108°である．このとき，∠ADCを求めよ．

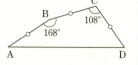

解答・解説・思考の流れ　ここがポイント！

BC，CDに沿って正五角形BCDEFをくっつける．すると，BF＝ABであり，∠ABF＝60°であるから，三角形ABFは正三角形である．　ここがポイント！

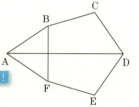

正五角形と正三角形がBFに沿ってくっついていて，対称軸として線分ADが貫いている．よって，ADによって角CDEは二等分されており，

$$\angle ADC = 54°$$

である．

＊　　　＊　　　＊

108°から正五角形を連想できるか？それにかかっています．正三角形をくっつける問題は見たことがあっても，正五角形をくっつける問題はあまり見かけません．168°を正多角形の角度108°＋60°に分けるというのも，なかなか思いつきにくいでしょう．しかし，168°はそのままでは扱いにくい角度です．そのため三角比を利用して求めるのも，かなり困難です（数Ⅱ：三角関

数の「加法定理」を使えば何とかなりそうですか？苦しいですよね…）．

図形の醍醐味

正五角形を経由して正三角形が見つかるのはなかなか面白いですね！しかも最後は対称性から簡単に答えがわかってしまうのですから．

問題31

AB = CD = 6，BC = DA = 9の長方形ABCDにおいて，辺DA上に点Eをとり，線分AC，BEの交点をF，線分AC，BDの交点をG，線分BD，CEの交点をHとする．△ABF + △CDH = 19のとき，四角形EFGHの面積を求めよ．

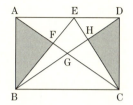

解答・解説・思考の流れ

三角形BCEの面積は長方形の面積の半分であり，さらにその半分の面積になる三角形もいくつかある：

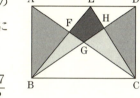

$$\triangle BCE = 27, \quad \triangle ABG = \triangle CDG = \frac{27}{2}$$

これを踏まえて，

$$\begin{aligned}
\triangle EFGH &= \triangle BCE - \triangle BCG - (\triangle BFG + \triangle CHG) \\
&= \frac{27}{2} - (\triangle BFG + \triangle CHG)
\end{aligned}$$

と考えることができる．ここで，

$$\begin{aligned}
\triangle BFG + \triangle CHG &= \triangle ABG + \triangle CDG - (\triangle ABF + \triangle CDH) \\
&= \frac{27}{2} + \frac{27}{2} - 19 = 8
\end{aligned}$$

より，

$$\triangle\text{EFGH} = \frac{27}{2} - 8 = \frac{11}{2}$$

である.

* * *

「和」が与えられているので，そのまま活かすのが得策です！長方形の半分，4等分の面積の三角形がたくさんあるので，それしか利用できるものはありません.

　比AF：FG，DH：HGを文字において，気合いを入れて文字式を計算することで面積を求めることも可能ではありますが，厄介になります.

教訓 求める必要がないものは考えないようにしましょう．与えられた情報の活かし方を考えていきます.

Check 1 ／
□ ヒントなしで解けた
□ ヒントを見たら解けた
□ 解答を見たらわかった
□ 解答を見てもわからない

Check 2 ／
□ ヒントなしで解けた
□ ヒントを見たら解けた
□ 解答を見たらわかった
□ 解答を見てもわからない

問題32

　10個の自然数があり，そのうち2個は同じ数である．10個から1個を除いた9個の数の和をすべて挙げると，82，83，84，85，87，89，90，91，92 の9通りになるという．10個のうち，最大のものを求めよ．

解答・解説・思考の流れ

　82，83，84，85，87，89，90，91，92 の差をとると，順に

$$1,\ 1,\ 1,\ 2,\ 2,\ 1,\ 1,\ 1$$

である．そこで，最大の数をnとおくと，9種類の自然数は，大きい方から順に

$$n,\ n-1,\ n-2,\ n-3,\ n-5,\ n-7,\ n-8,\ n-9,\ n-10$$

$$-1\quad -1\quad -1\quad -2\quad -2\quad -1\quad -1\quad -1$$

となる（どれかが2個ある）．これらの和

$$n+(n-1)+(n-2)+(n-3)+(n-5)+(n-7)+(n-8)+(n-9)+(n-10)$$
$$=9n-45$$

ここがポイント！

は9の倍数になる．

　82，83，84，85，87，89，90，91，92 の中に9の倍数は90しかないので，

$$9n-45=90\quad\therefore\quad n=15$$

しかない．よって，9種類の数の組合せは

$$15,\ 14,\ 13,\ 12,\ 10,\ 8,\ 7,\ 6,\ 5$$

しかありえない．15 を除いた和が最小の 82 になるはずで，

$$14+13+12+10+8+7+6+5=75$$

より，7 が 2 個ある場合しか考えられない．実際，

$$15,\ 14,\ 13,\ 12,\ 10,\ 8,\ 7,\ 7,\ 6,\ 5$$

で和 82, 83, 84, 85, 87, 89, 90, 91, 92 がすべて作れるので，十分である．

よって，$n=15$ である．

* * *

「10 個の数がある」とわかっているので，「7 が 2 個」「82, 83, 84, 85, 87, 89, 90, 91, 92 がすべて作れる」の検証は不要，と考えることもできます．しかし，もしも検証がなかったら，「$n=15$，または，解なし」としかわからないことに….

答えがあるとしたら，$n=15$ のみ（必要）

$n=15$ はほんとうに答え（十分）

問題33

n を 3 以上の整数とする．1 から $3n$ までの番号が書かれた $3n$ 枚のカードを A, B, C の 3 人に n 枚ずつ配る．

(1) カードの配り方は何通りあるか．$n!$, $(3n)!$ の式で表せ．

(2) A のカードの番号の最小値が $n+1$ で，B のカードの最小値が $2n-1$ である配り方は何通りあるか．

第3章

Level 2

● 解答

解答・解説・思考の流れ

(1) A に配るカードの決め方が ${}_{3n}\mathrm{C}_n$ 通りあり，そのそれぞれに対して，B に配るカードの決め方が ${}_{2n}\mathrm{C}_n$ 通りある（C には残った n 枚が配られる）．よって，配り方は

$$
{}_{3n}\mathrm{C}_n \cdot {}_{2n}\mathrm{C}_n = \frac{(3n)!}{n!(2n)!} \cdot \frac{(2n)!}{n!n!} = \frac{(3n)!}{(n!)^3} \quad (\text{通り})
$$

である．

(2) B には $2n-1$ が配られ，残り $n-1$ 枚は $2n$, $2n+1$, $\cdots$, $3n$ の $n+1$ 枚から配られる．この時点で，$2n-1$ 以上のカードは <u>2 枚</u>しか残っていない．

　　A には $n+1$ が配られるが，「残り $n-1$ 枚は $n+2$, $n+3$, $\cdots$, $2n-2$，および，上記の「2 枚」の $n-1$ 枚が配られる」と自動的に決まる． ここがポイント！

　　もちろん，C には残った 1, 2, $\cdots$, n が配られることになる．よって，配り方は，$n+1$ 枚から $n-1$ 枚の選び方と一致し，

135

$$_{n+1}\mathrm{C}_{n-1} = {}_{n+1}\mathrm{C}_2 = \frac{(n+1)n}{2} \quad (\text{通り})$$

である.

* * *

　ややこしそうな雰囲気をかもし出していますが, よく考えると, 制限がかなり強いために, かなりわかりやすい問題でした. B から先に考えることができれば, 難なく処理できるはずです. A から考えると, ちょっと厄介なことになりそうです….

教訓　制限の強いものから考えよう. 順番を間違えないように！

Check	1 /	□ ヒントなしで解けた □ ヒントを見たら解けた □ 解答を見たらわかった □ 解答を見てもわからない	Check	2 /	□ ヒントなしで解けた □ ヒントを見たら解けた □ 解答を見たらわかった □ 解答を見てもわからない

問題34

　1，2，3，4，5の数字が1つずつ書かれた5枚のカード
が横一列に並んでいる．このカードの中から隣り合って置
かれている2枚のカードを無作為に選んで入れかえる操作
を繰り返す．ただし，最初の状態では，数字の小さい順に
左から1，2，3，4，5と並んでいるものとする．

(1) 2回の操作を終えた後のカードの並び方は，全部で何通
　りあるか．

(2) 4回の操作の過程で，数字3の書かれたカードが1回も
　動かされることがない確率を求めよ．

解答・解説・思考の流れ

(1) 1，2，3，4，5から1回の操作でできるのは

　　①2，1，3，4，5　②1，3，2，4，5　③1，2，4，3，5

　　④1，2，3，5，4

　の4通りある．このそれぞれから1回の操作でできるのは

　　①：<u>1，2，3，4，5</u>　　2，3，1，4，5　　<u>2，1，4，3，5</u>

　　　　2，1，3，5，4

　　②：3，1，2，4，5　　<u>1，2，3，4，5</u>　　1，3，4，2，5

　　　　1，3，2，5，4

　　③：2，1，4，3，5　　1，4，2，3，5　　<u>1，2，3，4，5</u>

　　　　1，2，4，5，3

④：2，1，3，5，4　　1，3，2，5，4　　1，2，5，3，4

1，2，3，4，5

である．よって，10通りである．

(2) 1回の操作につき入れかえ方は4通りある．　　　ここがポイント！

題意を満たすのは，□□3■■において，□の入れかえ，または，■の入れかえが4回繰り返されるときである．よって，求める確率は

$$\left(\frac{2}{4}\right)^4 = \frac{1}{16}$$

である．

＊　　　　＊　　　　＊

1〜5の並べ方の総数は5！＝120通りなので，(1)の答え（10通り）から，2回の操作ではあまり入れかわらないことがわかります．2回分の操作のやり方は4×4＝16通りですから，重複が多くあるようです．丁寧に調べれば間違えないはずです！(2)は意味がわかれば，とても簡単でした．適切に「言い換え」することが大事です．

考え方　(1) すべて調べることを決断

(2)「3が不動」は「他だけが動く」

Check 1 /	Check 2 /
□ ヒントなしで解けた	□ ヒントなしで解けた
□ ヒントを見たら解けた	□ ヒントを見たら解けた
□ 解答を見たらわかった	□ 解答を見たらわかった
□ 解答を見てもわからない	□ 解答を見てもわからない

問題35

実数 a, b に対して，$f(x) = x^2 - 2ax + b$, $g(x) = x^2 - 2bx + a$ とおく．

(1) $a \ne b$ のとき，$f(c) = g(c)$ を満たす実数 c を求めよ．

(2) (1)で求めた c について，a, b が条件 $a < c < b$ を満たすとする．このとき，連立不等式「$f(x) < 0$ かつ $g(x) < 0$」が解をもつための必要十分条件を a, b を用いて表せ．

解答・解説・思考の流れ

(1) $f(x) = g(x)$ を解くと

$$x^2 - 2ax + b = x^2 - 2bx + a \iff 2(b-a)x = a - b$$

$$\therefore \quad x = -\frac{1}{2} \quad (\because a \ne b)$$

となるので，$c = -\frac{1}{2}$ である．

(2) $f(x) = (x-a)^2 - a^2 + b$,
$g(x) = (x-b)^2 - b^2 + a$
である．

$a < c < b$ のとき，図より，求める条件は，「$y = f(x)$, $y = g(x)$ の交点が x 軸より下にあること」であり，

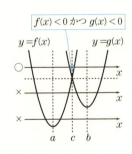

ここがポイント！

$$f(c) < 0 \iff \frac{1}{4} + a + b < 0$$

である．

＊　　　＊　　　＊

(2)が簡単に解けてしまったのは，「$y = f(x)$ と $y = g(x)$ が合同で，しかも交点の x 座標が定数 $c = -\dfrac{1}{2}$ になる」という特殊性からです．

まともに2次不等式 $f(x) < 0$ や $g(x) < 0$ を解きにいくと，解の公式などを用いることになってしまい，グチャグチャになってしまいます．

考え方　$a < c < b$ の意味は，2つの放物線の頂点，交点の位置に関する条件でした．

$f(x) < 0$ は，$y = f(x)$ のグラフが x 軸よりも下にあるような x の範囲です．

「かつ」に注意して!!

教訓

特殊性に注目！　不要なものを考えない!!

Check 1 /
□ ヒントなしで解けた
□ ヒントを見たら解けた
□ 解答を見たらわかった
□ 解答を見てもわからない

Check 2 /
□ ヒントなしで解けた
□ ヒントを見たら解けた
□ 解答を見たらわかった
□ 解答を見てもわからない

問題36

2次関数 $f(x) = x^2 - ax + a - 2$ について考える.

(1) a の値に関わらず, 放物線 $y = f(x)$ が通る点を求めよ.

(2) 2次方程式 $f(x) = 0$ が少なくとも1つの負の実数解をもつような a の値の範囲を求めよ.

解答・解説・思考の流れ

(1) $y = x^2 - ax + a - 2$ を a について整理すると
$$a(x-1) + y - x^2 + 2 = 0$$
となる. これが a に関する恒等式になるのは,
$$x - 1 = 0 \quad かつ \quad y - x^2 + 2 = 0$$
$$\therefore \quad x = 1, \ y = -1$$
のときである. よって, $y = x^2 - ax + a - 2$ は a によらず $(1, -1)$ を通る.

(2) $f(1) = -1 < 0$ なので, $f(x) = 0$ は $x < 1$, $1 < x$ の範囲に1つずつ実数解をもつ.

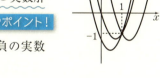

よって, 少なくとも1つの負の実数解をもつ条件は
$$f(0) < 0 \iff a - 2 < 0 \quad \therefore \quad a < 2$$
である.

* * *

文字定数の1次式になっている場合，「必ず通る点」が存在する可能性が高いです．

また，「aが入っている項だけ移項する」などの定石的処理もあります（今回はハズレですが…）．

「少なくとも1つの負の解」といわれたら，ふつうは，負の解が1つ，2つの場合を分けて考えることになります．しかし，今回は…．

教 訓

必ず通る点の活用．これで図形的に解けます！

Check	1 /	□ ヒントなしで解けた □ ヒントを見たら解けた □ 解答を見たらわかった □ 解答を見てもわからない

Check	2 /	□ ヒントなしで解けた □ ヒントを見たら解けた □ 解答を見たらわかった □ 解答を見てもわからない

問題37

$\sqrt{17}$ のおよその値を求めたい.

(1) $a > 0$ に対し, $\sqrt{a+1} < \dfrac{1}{2}a + 1$ が成り立つことを示せ.

(2) 2次不等式 $\left(\dfrac{12}{25}a + 1\right)^2 < a + 1$ を解け.

(3) $\dfrac{\sqrt{17}}{4} = \sqrt{x+1}$ を満たす x を求めよ.

(4) $\dfrac{m}{200} < \sqrt{17} < \dfrac{m+1}{200}$ を満たす自然数 m を求めよ. また,
$\sqrt{17}$ の小数第3位を四捨五入した値を求めよ.

● 解 答

第3章 Level 2

解答・解説・思考の流れ　　ここがポイント!

(1) 両辺とも正なので, 2乗して考えればよい.

$$\text{(右辺)}^2 - \text{(左辺)}^2 = \left(\frac{1}{4}a^2 + a + 1\right) - (a+1) = \frac{1}{4}a^2 > 0$$

より, 示された.

(2) $\dfrac{12^2}{25^2}a^2 + \dfrac{24}{25}a + 1 < a + 1 \iff \dfrac{a}{25}\left(\dfrac{144}{25}a - 1\right) < 0$ $\therefore$ $0 < a < \dfrac{25}{144}$.

(3) $\dfrac{\sqrt{17}}{4} = \sqrt{\dfrac{17}{16}} = \sqrt{\dfrac{1}{16} + 1}$ $\therefore$ $x = \dfrac{1}{16}$.

(4) $0 < \dfrac{1}{16} = \dfrac{9}{144} < \dfrac{25}{144}$ より, $a = \dfrac{1}{16}$ は (2) を満たす.

143

(2)を $\frac{12}{25}a+1<\sqrt{a+1}$ と変形して，これと(1)に $a=\frac{1}{16}$ を代入する

ことで，

ここがポイント！

$$\frac{12}{25}\cdot\frac{1}{16}+1<\sqrt{\frac{1}{16}+1}<\frac{1}{2}\cdot\frac{1}{16}+1 \iff \frac{103}{100}<\frac{\sqrt{17}}{4}<\frac{33}{32}$$

$$\therefore \quad \frac{103}{25}=\frac{824}{200}<\sqrt{17}<\frac{33}{8}=\frac{825}{200}$$

である．よって，$m=824$ である．

$\frac{824}{200}=4.12$，$\frac{825}{200}=4.125$ なので，$\sqrt{17}$ の小数第3位を四捨五

入した値は4.12である．

＊　　　　＊　　　　　＊

(4)では，(1)，(2)，(3)から $\frac{12}{25}a+1<\sqrt{a+1}<\frac{1}{2}a+1$，$a=\frac{1}{16}$ をイメージできます．作為的に作られているので，しっかり誘導に乗りましょう！

教訓

誘導の意味，文脈を読みとることが大事！(3)の x を(1)，(2)に代入して，「何か起これ」と強く思えば，何か見えてきます!!

Check 1	□ ヒントなしで解けた □ ヒントを見たら解けた □ 解答を見たらわかった □ 解答を見てもわからない	Check 2	□ ヒントなしで解けた □ ヒントを見たら解けた □ 解答を見たらわかった □ 解答を見てもわからない

問題38

$p,\ q$は自然数とする. $\dfrac{p+1}{q+3}=0.4\cdots$ ① を満たす $p,\ q$ を考える.

(1) $p,\ q$ がともに 10 以下のとき, ① を満たす組 $(p,\ q)$ をすべて求めよ.

(2) $(p,\ q)$ が①を満たすとき, $(p+2,\ q+a)$ も①を満たすという. このような自然数 a を求めよ.

(3) ① を満たす $(p,\ q)$ に対し, $p+q<30$ の範囲における $p+q$ の最大値を求めよ.

第
3
章

Level
2

●
解
答

解答・解説・思考の流れ

(1) 既約分数で表すと, $0.4=\dfrac{2}{5}$ である. $p,\ q$ が 10 以下より, 分母が $4\leqq q+3\leqq 13$ で分子が $2\leqq p+1\leqq 11$ の範囲にあるので, $\dfrac{2}{5},\ \dfrac{4}{10}$ から

$$(p+1,\ q+3)=(2,\ 5),\ (4,\ 10) \quad \therefore \quad (p,\ q)=(1,\ 2),\ (3,\ 7)$$

である.

(2) $\dfrac{p+1}{q+3}=\dfrac{2}{5} \iff 5(p+1)=2(q+3)$

> **ここがポイント!**

において, $p+3$ を作るために両辺に 10 を加えると

$$5(p+3)=2(q+8) \iff \dfrac{(p+2)+1}{(q+5)+3}=\dfrac{2}{5}$$

となる. $(p+2,\ q+5)$ が①を満たすということなので, $a=5$

145

である.

(3) $p+q<30$ ということは，0.4 を分数で表して，

$$(\text{分母})+(\text{分子})=p+q+4<34$$

ということである.

ここまで

$$\frac{2}{5},\ \frac{4}{10},\ \frac{6}{15},\ \frac{8}{20},\ \bigg/\ \frac{10}{25},\ \cdots$$

より，$(p+1,\ q+3)=(8,\ 20)$ つまり $(p,\ q)=(7,\ 17)$ のときに $p+q$ は最大値 24 をとる.

$$*\qquad*\qquad*$$

(3)で挙げた $\dfrac{2}{5},\ \dfrac{4}{10},\ \dfrac{6}{15},\ \dfrac{8}{20},\ \dfrac{10}{25},\ \cdots$ は，分子が 2 ずつ増え，分母が 5 ずつ増えています. よって，(2)の $a=5$ は簡単にわかります.

発展

①を満たす $(p,\ q)$ をすべて挙げると，$5(p+1)=2(q+3)$ で左辺は 5 の倍数で，右辺は 2 の倍数だから

$$5(p+1)=2(q+3)=10k$$

とおけます.

$$p+1=2k,\ q+3=5k$$

より，$(p,\ q)=(2k-1,\ 5k-3)\ (k\geqq1)$ となることがわかります.

Check 1 /
□ ヒントなしで解けた
□ ヒントを見たら解けた
□ 解答を見たらわかった
□ 解答を見てもわからない

Check 2 /
□ ヒントなしで解けた
□ ヒントを見たら解けた
□ 解答を見たらわかった
□ 解答を見てもわからない

問題39

a, b は正の実数で，$\dfrac{a}{b}$ は整数でないとする．$\dfrac{a}{b}$ をこえない最大の整数を m とし，$\dfrac{b}{a-bm}$ をこえない最大の整数を n とする．すなわち m, n は $m < \dfrac{a}{b} < m+1, n \leqq \dfrac{b}{a-bm} < n+1$ を満たす整数である．

(1) $a = 17$，$b = 3$ のとき，m, n を求めよ．

(2) $\dfrac{9}{4} < \dfrac{a}{b} \leqq \dfrac{7}{3}$ であるとき，m, n を求めよ．

(3) $m = n = 2$ となるときの $\dfrac{a}{b}$ のとりうる値の範囲を求めよ．

第3章

Level 2

● 解 答

解答・解説・思考の流れ

ここがポイント！

(1) $\dfrac{a}{b} = \dfrac{17}{3} = 5.666\cdots$ より，$m = 5$ であり，

$\dfrac{b}{a-bm} = \dfrac{3}{17-3\cdot5} = \dfrac{3}{2} = 1.5$ より，$n = 1$ である．

(2) $\dfrac{9}{4} = 2.25$，$\dfrac{7}{3} = 2.333\cdots$ より，$m = 2$ である．さらに

$$\dfrac{b}{a-bm} = \dfrac{1}{\dfrac{a}{b}-2}, \quad \dfrac{1}{\dfrac{7}{3}-2} = 3, \quad \dfrac{1}{\dfrac{9}{4}-2} = 4$$

$\therefore \quad 3 \leqq \dfrac{b}{a-bm} < 4 \quad \left(\because \ \dfrac{9}{4} < \dfrac{a}{b} \leqq \dfrac{7}{3}\right)$

より，$n = 3$ である．

147

(3) $m=n=2$ となる条件は

$$2 \leq \cfrac{1}{\cfrac{a}{b}-2} < 3 \iff \frac{1}{3} < \frac{a}{b}-2 \leq \frac{1}{2} \quad \therefore \quad \frac{7}{3} < \frac{a}{b} \leq \frac{5}{2}$$

である（このとき，$m=2$ になっている）．

* * *

$\dfrac{b}{a-bm}$ の分母，分子を b で割ると $\dfrac{a}{b}$ の式になりました．分母に $\dfrac{a}{b}$ がきたので，$\dfrac{a}{b}$ が大きいほど $\dfrac{b}{a-bm}$ の値は小さくなります．(2) の $\dfrac{9}{4} < \dfrac{a}{b} \leq \dfrac{7}{3}$ はとても作為的な数値設定でしたね．

発展

「$\dfrac{a}{b}$ が整数でない」という仮定はなぜ必要なのでしょうか？実は，$\dfrac{a}{b}$ が整数としたら，$m=\dfrac{a}{b}$ となってしまい，$n=\dfrac{b}{a-bm}$ の分母が 0 になります．これはマズイということで，「$\dfrac{a}{b}$ は整数でない」となっているのです．

問題40

座標平面上に2点A$(1, 0)$,B$(-1, 0)$と直線lがあり,A と l の距離と B と l の距離の和が1であるという.

(1) l は y 軸と平行でないことを示せ.

(2) l が線分 AB と交わるとき,l の傾きを求めよ.

(3) l が線分 AB と交わらないとき,l と原点との距離を求めよ.

解答・解説・思考の流れ

(1) l が y 軸と平行であると仮定して,矛盾を導く.線分 AB と交わるときは,l までの距離の和は2であり,交わらないときは距離の和は2より大きい.

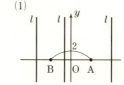

これらは距離の和が1であることに反し,矛盾である.よって,l は y 軸と平行ではない.

(2) l と平行で A を通る直線を l' とすると,B から l' までの距離が,A,B から l までの距離の和1と等しい.AB$=2$ なので,l と x 軸のなす角は $30°$ である.

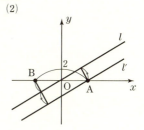

よって,求める傾きは
$$\pm \tan 30° = \pm \frac{1}{\sqrt{3}}$$
である.

ここがポイント！

(3) Oは線分ABの中点なので，図のように考えると，Oからlまでの距離は，A, Bからlまでの距離の和の半分の$\dfrac{1}{2}$である．

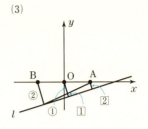

*　　　*　　　*

(2)では「傾きを求めよ」だから，傾きだけを求める方法を考えなければなりません．また，(3)では，傾きは決まりませんが，原点からの距離だけがわかるのです．不要なものまで考えると，答えに到るのは困難になってしまいます．

教訓　「求めよ」と言われたものだけ求めましょう．「求まらない」ことも多いので注意！

Check 1
□ ヒントなしで解けた
□ ヒントを見たら解けた
□ 解答を見たらわかった
□ 解答を見てもわからない

Check 2
□ ヒントなしで解けた
□ ヒントを見たら解けた
□ 解答を見たらわかった
□ 解答を見てもわからない

column 1 アクティブ・ラーニングとは？

アクティブ・ラーニングという言葉を聞いたことはあるでしょうか？

「能動的学習（学修）」と訳されるもので，文部科学省による用語解説は以下の通りです：

> 伝統的な教員による一方向的な講義形式の教育とは異なり，学習者の能動的な学習への参加を取り入れた教授・学習法の総称．学習者が能動的に学ぶことによって，後で学んだ情報を思い出しやすい，あるいは異なる文脈でもその情報を使いこなしやすいという理由から用いられる教授法．発見学習，問題解決学習，経験学習，調査学習などが含まれるが，教室内でのグループ・ディスカッション，ディベート，グループ・ワークなどを行うことでも取り入れられる．

数学ほど，この学習法に適した科目はないでしょう．

数学の問題を解くために必要なのは，「再現力」「類題把握力」「問題解決力」です．

上記の用語説明にある通りです．

それらを身につけるためには，多くの問題を解くだけでは不十分で，**「発見の喜びを知る」「失敗を次に生かす」「自分で調べて何とかする」**といった経験的な学習が必要になります．

「現象」として数学をとらえられるようになることが，数学が得意になるための近道です．その第一歩は，1問1問の世界にどっぷり浸かる経験をすることでしょう．「あぁでもない，こぉでもない」と色々考えたり，さまざまな解法を試してみたり．

そうして，数学の各概念や公式が「どのような状況を扱うためにあるのか，どのような困難を解決するために作られたのか」を身をもって体感するのです.

　これが一番大事なことなのに…

　「次のテストで良い点数を取らないといけない」などといった現実的な条件のために，「解法丸暗記」といった付け焼刃の「似非数学」をやってしまうのです.

　「先生が答えと言うからコレが答え」という状態です.

　それでは，類題を見ても類題だと認識することができなくなります.

　そして，覚えたことはすぐに忘れてしまい，新しいこともどんどん習って，どんどんわからなくなり… まさに負の連鎖です.

　そうではなく，数学との正しい付き合い方を身につけておくことで，新しい概念や公式にも怯まないようにするのです.

　やったことのある考え方を積極的に使ってみて，類題として見れる範囲をどんどん広げていくのです.

　付き合い方の習得 (数学体幹トレーニング) には，かなりの時間を要しますが，これこそ「急がば回れ」という言葉がピッタリです.

　「初めて見る問題に精いっぱい取り組む」「どうしてそのような解答になるのかを考える」などが体幹トレーニング，つまり，アクティブ・ラーニングのスタート地点です.

〈コラム2につづく〉

第4章

Level-3

ちょっと難しい
算数・大学入試問題

問題 41 ▶▶ 56

- p.154～ 問題
- p.163～ hint
- p.179～ 解答・解説・思考の流れ

問題41

　5，9，17が書かれたカードが10枚ずつ，合わせて30枚のカードがある．この中から9枚のカードを選び，それらに書かれた数の和を計算した．その値として考えられるものを次の(ア)〜(エ)から選べ．

(ア)90　　　(イ)95　　　(ウ)100　　　(エ)105

hint ☞ p.163

解答・解説・思考の流れ ☞ p.179

問題42

　2けたの整数nは，n，$2n$，$3n$，$4n$，$5n$，$6n$，$7n$，$8n$，$9n$の9個の数について，各位の数の和がすべて等しくなるという．そのようなnをすべて求めよ．

hint ☞ p.164

解答・解説・思考の流れ ☞ p.181

問題43

1冊の古い本がある．その本はいくつかのページが外れてなくなっている．なくなったページの数字は，最小のものが143であり，最大のものが143の各位の数を入れ替えた数である．また，なくなったページの数字をすべて足すと2000である．なくなったのは何ページ分であるか．

hint ☞ p.165

解答・解説・思考の流れ ☞ p.183

問題44

$1 \leqq n \leqq 150$ なる自然数 n に対し，150 を n で割った商と余りの積を $<n>$ で表す．

たとえば，$<20>$ は $150 = 20 \times 7 + 10$ より $<20> = 7 \times 10 = 70$ である．

(1) $<n> = 10$ となる n を求めよ．

(2) $<n> = n$ となる n をすべて求めよ．

hint ☞ p.166

解答・解説・思考の流れ ☞ p.185

問題45

2以上の自然数 n に対して，$<n>$ は n の正の約数の中で2番目に大きい自然数を表すこととする．例えば，6の正の約数は1，2，3，6なので $<6>=3$ であり，7の正の約数は1，7なので $<7>=1$ である．

(1) 150以下の3の倍数 n に関する和 $<3>+<6>+<9>+\cdots+<150>$ を求めよ．

(2) $<n>=\dfrac{n}{5}$ $(2\leqq n\leqq 150)$ となる n は何個存在するか答えよ．

hint ☞ p.167

解答・解説・思考の流れ ☞ p.187

問題46

4けたの自然数 N がある．N の各位の数はすべて異なり，0はない．N の各位の数を並べかえて得られる自然数のうち，最大のものと N との差は3618であり，N と最小のものとの差は4554である．この4けたの自然数 N を求めよ．

hint ☞ p.168

解答・解説・思考の流れ ☞ p.189

問題47

図の三角形ABCにおいて，
∠ABP＝80°，∠BAP＝∠CAP
＝∠CBP＝20°である．直線
ACに関するPの対称点をQとおく．

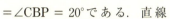

(1) 三角形BCP，BQPが合同であることを示せ．
(2) ∠BCPを求めよ．

hint ☞ p.169

解答・解説・思考の流れ ☞ p.191

問題48

正の奇数 p に対して，3つの自然数の組 (x, y, z) で，
$x^2+4yz=p$ を満たすもの全体の集合を S とおく．すなわち，

$S=\{(x, y, z) \mid x, y, z は自然数，x^2+4yz=p\}$.

(1) S が空集合でないための必要十分条件は，$p=4k+1$
   (k は自然数) と書けることであることを示せ．
(2) S の要素の個数が奇数ならば S の要素 (x, y, z) で
   $y=z$ となるものが存在することを示せ．

hint ☞ p.170

解答・解説・思考の流れ ☞ p.193

問題49

0 < p < 1 とする．数直線上を次の規則に従って動く点 Q を考える．

(ⅰ) 時刻 0 に Q は原点にある．

(ⅱ) 時刻 n $(n = 0, 1, 2, \cdots)$ における Q の座標が x であるとき，時刻 $n + 1$ に Q は，確率 p で座標 $x + 1$ の点に，確率 $1 - p$ で座標 $x + 2$ の点に移動する．

　時刻 k における Q の座標を X_k で表し，$n \geqq 1$ に対し，$X_1, X_2, \cdots\cdots, X_n$ を点 Q の時刻 n までの「訪問点」と呼ぶことにする．

(1) 4 と 6 がともに Q の時刻 6 までの訪問点となる確率を求めよ．

(2) m を自然数とする．3 から $3m$ までの 3 の倍数 3，6，$\cdots$，$3m$ のいずれも Q の時刻 $3m$ までの訪問点とならない確率を求めよ．

hint ☞ p.171

解答・解説・思考の流れ ☞ p.195

問題50

A を一辺が1の立方体の積み木とし，B は縦と横が1で高さが2の直方体の積み木とする．A，B とも十分たくさんあるとして，これらを積み上げて高さが n の塔（縦と横が1で高さが n の直方体，ただし n は自然数）を作るとき，積み上げ方の場合の数を a_n とする．

(1) a_1，a_2，a_3 を求めよ．

(2) a_{11} を求めよ．

(3) 使える個数が A は9個，B は4個までとしたとき，高さ11の塔を作る積み上げ方の場合の数を求めよ．

hint ☞ p.172

解答・解説・思考の流れ ☞ p.197

問題51

実数aに対して，aを超えない最大の整数を$[a]$で表す．10000以下の正の整数nで$[\sqrt{n}]$がnの約数となるものは何個あるか．

hint ☞ p.173

解答・解説・思考の流れ ☞ p.199

問題52

1つの角が120°の三角形がある．この三角形の3辺の長さx, y, zは$x<y<z$を満たす整数である．

(1) $x+y-z=2$を満たすx, y, zの組をすべて求めよ．

(2) a, bを0以上の整数とする．$x+y-z=2^a3^b$を満たすx, y, zの組の個数をaとbの式で表せ．

hint ☞ p.174

解答・解説・思考の流れ ☞ p.201

問題53

次の命題 (p), (q) のそれぞれについて，正しいかどうか答えよ．正しければ証明し，正しくなければ反例を挙げて正しくないことを説明せよ．

(p) 正 n 角形の頂点から3点を選んで内角の1つが $60°$ である三角形を作ることができるならば，n は3の倍数である．

(q) $\triangle\mathrm{ABC}$ と $\triangle\mathrm{ABD}$ において，$\mathrm{AC} < \mathrm{AD}$ かつ $\mathrm{BC} < \mathrm{BD}$ ならば，$\angle\mathrm{C} > \angle\mathrm{D}$ である．

hint ☞ p.175

解答・解説・思考の流れ ☞ p.204

問題54

$\mathrm{AB} = 1$, $\angle\mathrm{A} = 90°$, $\angle\mathrm{B} = 60°$, $\angle\mathrm{C} = 30°$ の三角形 ABC の内部に，$\angle\mathrm{APB} = \angle\mathrm{BPC} = 120°$ となる点 P をとる．

(1) 3つの長さの比 $\mathrm{AP} : \mathrm{BP} : \mathrm{CP}$ を求めよ．

(2) AP を求めよ．

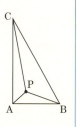

hint ☞ p.176

解答・解説・思考の流れ ☞ p.206

問題55

4個の整数 $n+1$, n^3+3, n^5+5, n^7+7 がすべて素数となるような自然数 n は存在するか．するならば，具体的に1つを挙げよ．存在しないなら，それを示せ．

hint ☞ p.177

解答・解説・思考の流れ ☞ p.208

問題56

a を2以上の実数とし，$f(x)=(x+a)(x+2)$ とする．このとき，$f(f(x))>0$ がすべての実数 x に対して成り立つような a の値の範囲を求めよ．

hint ☞ p.178

解答・解説・思考の流れ ☞ p.210

問題41

5, 9, 17が書かれたカードが10枚ずつ，合わせて30枚のカードがある．この中から9枚のカードを選び，それらに書かれた数の和を計算した．その値として考えられるものを次の(ア)〜(エ)から選べ．

(ア) 90   (イ) 95   (ウ) 100   (エ) 105

hint

9枚の選び方の全パターンを調べ尽くすのは困難です．

まず，偶数・奇数に注目して，2択に絞れないでしょうか？ちなみに，

$$9 \times 9 = 81, \quad 17 \times 9 = 153$$

です．ただし，答えは1つとは限りません…

解答・解説・思考の流れ ☞ p.179

問題42

2けたの整数nは, n, $2n$, $3n$, $4n$, $5n$, $6n$, $7n$, $8n$, $9n$の9個の数について, 各位の数の和がすべて等しくなるという. そのようなnをすべて求めよ.

hint

2けたのnは90個. そのそれぞれについて, 9個ずつ考えるから, 810個の数について考えればすべてわかります. しかし…現実的ではありません.

「各位の数の和」と言えば, あるものが連想できますね. しかも,

$$n, \quad 2n, \quad 3n, \quad 4n, \quad 5n, \quad 6n, \quad 7n, \quad 8n, \quad 9n$$

の中に1個, 重要な情報を与えてくれるものがあります!

解答・解説・思考の流れ ☞ p.181

問題43

　1冊の古い本がある．その本はいくつかのページが外れてなくなっている．なくなったページの数字は，最小のものが143であり，最大のものが143の各位の数を入れ替えた数である．また，なくなったページの数字をすべて足すと2000である．なくなったのは何ページ分であるか．

hint

「1枚」外れると，どうなるでしょうか？143ページがなくなっているということは，その裏にある144ページもなくなっているのです！裏表を足すと，143＋144＝287で奇数になります．2000は偶数ですから…

　また，143の入れ替え134，314，341，413，431のどれが「なくなったページの数字の最大のもの」になるのでしょうか？安易に431と決めつけてはダメですよ！

解答・解説・思考の流れ ☞ p.183

問題44

1 ≦ n ≦ 150 なる自然数 n に対し，150 を n で割った商と余りの積を <n> で表す.

たとえば，<20> は $150 = 20 \times 7 + 10$ より $<20> = 7 \times 10 = 70$ である.

(1) $<n> = 10$ となる n を求めよ.

(2) $<n> = n$ となる n をすべて求めよ.

hint

見慣れない <n> というこの問題独自の記号でややこしさが演出されているだけです.

150 を n で割ったときの商を a，余りを b とおくと，

$$150 = na + b \ (0 \leq b \leq n-1)$$

です. これを元に式を作りましょう！キーワードは「積」と「約数」です.

解答・解説・思考の流れ ☞ p.185

問題45

2以上の自然数nに対して，$<n>$はnの正の約数の中で2番目に大きい自然数を表すこととする．例えば，6の正の約数は1，2，3，6なので$<6>=3$であり，7の正の約数は1，7なので$<7>=1$である．

(1) 150以下の3の倍数nに関する和$<3>+<6>+<9>+\cdots+<150>$を求めよ．

(2) $<n>=\dfrac{n}{5}$ $(2 \leqq n \leqq 150)$ となるnは何個存在するか答えよ．

hint

この問題独自の記号なので，色々と実験してみましょう！$<n>$は案外，簡単に式にすることができます．素因数分解に登場する素数に目を付けましょう．例えば$n=24$なら

$$1, \ 2, \ 3, \ 4, \ 6, \ 8, \ 12, \ 24$$

が正の約数なので，$<24>=12$です．偶数だったら$<n>$はnの半分になりそうです．ところで，約数は

$$24 = 1 \times 24 = 2 \times 12 = 3 \times 8 = 4 \times 6$$

とペアを作ることができます．$<n>$とペアになる数は何でしょうか？24の場合は2です．

$<n>$を求めるルールを見破ることはできますか？また，和の計算については問題23，24の**hint**を参照してください．

解答・解説・思考の流れ ☞ p.187

問題46

4けたの自然数 N がある．N の各位の数はすべて異なり，0はない．N の各位の数を並べかえて得られる自然数のうち，最大のものと N との差は3618であり，N と最小のものとの差は4554である．この4けたの自然数 N を求めよ．

hint

N の各位に現れる数を a，b，c，d $(1 \leqq a < b < c < d \leqq 9)$ としましょう．すると，最大のもの，最小のものは $dcba$，$abcd$ となります．しかし，N には $4! = 24$ 通りの可能性があり，簡単には扱うことができそうにありません．$dcba - N = 3618$，$N - abcd = 4554$ から何かわかるでしょうか？いったん N を消してみましょう．

条件が少ないので，数の性質から攻める必要があります．範囲，1の位を使って絞っていきましょう！

解答・解説・思考の流れ ☞ p.189

問題 47

図の三角形ABCにおいて，$\angle ABP = 80°$，$\angle BAP = \angle CAP = \angle CBP = 20°$である．直線ACに関するPの対称点をQとおく．

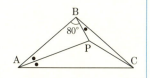

(1) 三角形BCP，BQPが合同であることを示せ．

(2) $\angle BCP$を求めよ．

hint

$\angle APB$，$\angle ACB$はわかります．そのおかげで，ABと等しい長さの線分が2つ見つかります．次に，Qの作り方から，色々と分かります．例えば，正三角形が見つかったり…

(1)の合同は，どのようにして示すでしょうか？逆算してみましょう．(2)で$\angle BCP$を考えるので，(1)で「$\angle BCP = \angle BQP$」がわかるとは考えにくいです．「BPは共通」なので，「BC = BQ」および「$\angle CBP = \angle QBP$」を示すはず．しかも「$\angle CBP = 20°$」とわかっていますから，「$\angle QBP = 20°$」となるはずです．ということは，「AB = BQ = AQ，$\angle ABQ = 60°$」となるはずで，つまり，「三角形ABQが正三角形になるはずだ」と逆算できますね．

解答・解説・思考の流れ ☞ p.191

問題48

正の奇数 p に対して，3つの自然数の組 (x, y, z) で，$x^2 + 4yz = p$ を満たすもの全体の集合を S とおく．すなわち，

$$S = \{(x, y, z) \mid x, y, z \text{ は自然数},\ x^2 + 4yz = p\}.$$

(1) S が空集合でないための必要十分条件は，$p = 4k + 1$ (k は自然数) と書けることであることを示せ．

(2) S の要素の個数が奇数ならば S の要素 (x, y, z) で $y = z$ となるものが存在することを示せ．

hint

(1)は「必要」と「十分」に分けて証明です．「平方数を4で割った余りは0，1」を使いそうです．「$p = 4k + 1$ ならば…」の方は，具体的に1組の (x, y, z) を見つければOKです．

(2)はどういう意味でしょうか?? y と z は同じ働きになっているので，S の要素の個数は「偶数個」になりそうな気がします(例えば，$(3, 2, 1)$ が要素なら，$(3, 1, 2)$ も要素となるので)．「要素の個数が奇数」と「$y = z$」の関連性がわかれば…．

解答・解説・思考の流れ ☞ p.193

問題49

$0 < p < 1$ とする。数直線上を次の規則に従って動く点 Q を考える。

(i) 時刻 0 に Q は原点にある。

(ii) 時刻 n $(n = 0, 1, 2, \cdots)$ における Q の座標が x であるとき、時刻 $n + 1$ に Q は、確率 p で座標 $x + 1$ の点に、確率 $1 - p$ で座標 $x + 2$ の点に移動する。

時刻 k における Q の座標を X_k で表し、$n \geqq 1$ に対し、$X_1, X_2, \cdots\cdots, X_n$ を点 Q の時刻 n までの「訪問点」と呼ぶことにする。

(1) 4 と 6 がともに Q の時刻 6 までの訪問点となる確率を求めよ。

(2) m を自然数とする。3 から $3m$ までの 3 の倍数 3, 6, $\cdots$, $3m$ のいずれも Q の時刻 $3m$ までの訪問点とならない確率を求めよ。

hint

確率 p で右へ 1 動き、確率 $1 - p$ で右に 2 動きます。(2) では、3, 6, $\cdots$ を飛ばして動くので、「2 から 4 へ」「5 から 7 へ」$\cdots$ と動いていきます。文字が入っていて大変ですが…きっちり、漏れなく、丁寧に考えていきましょう！

解答・解説・思考の流れ ☞ p.195

171

問題50

A を一辺が1の立方体の積み木とし，B は縦と横が1で高さが2の直方体の積み木とする．A，B とも十分たくさんあるとして，これらを積み上げて高さが n の塔（縦と横が1で高さが n の直方体，ただし n は自然数）を作るとき，積み上げ方の場合の数を a_n とする．

(1) a_1，a_2，a_3 を求めよ．

(2) a_{11} を求めよ．

(3) 使える個数が A は9個，B は4個までとしたとき，高さ11の塔を作る積み上げ方の場合の数を求めよ．

hint

(1)は数えましょう！(2)は，根性でやるのは少し困難です．実は，a_{11} は a_{10} と a_9 を用いて表すことができるのですが…．

$$1,\ 2,\ 3,\ 5,\ 8,\ 13,\ \cdots\cdots$$

から法則が見えますか？(3)は丁寧に数えましょう！

解答・解説・思考の流れ ☞ p.197

問題51

　実数aに対して，aを超えない最大の整数を$[a]$で表す．10000以下の正の整数nで$[\sqrt{n}]$がnの約数となるものは何個あるか．

hint

　まず実験！ $[\sqrt{n}]=k$とおきます．

　$n=10000$のとき，$k=100$より適．

　$n=1,\ 2,\ 3$のとき，$k=1$より適．

　$n=4,\ 6,\ 8$のとき$k=2$より適ですが，$n=5,\ 7$のときは$k=2$のため不適です．つまり，$k=2$になる$n=4,\ 5,\ 6,\ 7,\ 8$（5個）のうち，偶数になる3個（4，6，8）が適するようです．

　$[a]$は$a-1<[a]\leqq a$を満たす整数です．$[\sqrt{n}]=k$を満たすnの中に，適するものは何個あるでしょうか？

解答・解説・思考の流れ ☞ p.199

問題52

1つの角が120°の三角形がある．この三角形の3辺の長さ x，y，z は $x < y < z$ を満たす整数である．

(1) $x + y - z = 2$ を満たす x，y，z の組をすべて求めよ．

(2) a，b を0以上の整数とする．$x + y - z = 2^a 3^b$ を満たす x，y，z の組の個数を a と b の式で表せ．

hint

120°は最大角なので，対辺は最長の z です．よって，余弦定理から x，y，z の条件がわかります．(1)，(2) で追加された条件から，x，y，z の1文字を消去できます．どの文字を消すのがベストでしょうか？その後のポイントは，「積を作る」という整数の基本解法です．(2)は「個数」を考えるだけなので…(1)のイメージを活かしましょう！

解答・解説・思考の流れ ☞ p.201

問題53

次の命題(p), (q)のそれぞれについて，正しいかどうか答えよ．正しければ証明し，正しくなければ反例を挙げて正しくないことを説明せよ．

(p) 正n角形の頂点から3点を選んで内角の1つが$60°$である三角形を作ることができるならば，nは3の倍数である．

(q) $\triangle$ABCと$\triangle$ABDにおいて，AC $<$ ADかつBC $<$ BDならば，$\angle$C $>$ $\angle$Dである．

hint

(p) は正n角形の外接円を描くと分かりやすくなります．(q)は，パッとはわからないですね…．(p) と同じ結論にするか，しないか,それが問題です！(q) に反例があるとしたら,それは「AC $<$ AD かつ BC $<$ BD かつ "$\angle$C $\leqq$ $\angle$D"」となるものです．角が不等式ではわかりにくいので，「AC $<$ AD かつ BC $<$ BD かつ "$\angle$C $=$ $\angle$D"」となるものがあるか,考えてみましょう．「円周角の定理」を使いそうな気がしませんか？

解答・解説・思考の流れ ☞ p.204

問題54

AB = 1, ∠A = 90°, ∠B = 60°, ∠C = 30° の三角形ABCの内部に，∠APB = ∠BPC = 120° となる点Pをとる．

(1) 3つの長さの比 AP : BP : CP を求めよ．

(2) AP を求めよ．

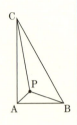

hint

(2)にAPを求める問題があるので，(1)は「3つの長さを求めて比を考える」という流れではないようです((2)で長さを求めるためのヒントが(1)ということ)．比だけを考えてみましょう！比と言えば？

(2)ではAP = x とおき，120°を利用して考えましょう！

解答・解説・思考の流れ ☞ p.206

問題 55

4個の整数 $n+1$, n^3+3, n^5+5, n^7+7 がすべて素数となるような自然数 n は存在するか. するならば, 具体的に1つ挙げよ. 存在しないなら, それを示せ.

hint

どちらに勝負をかけましょうか？もちろん, 実験の後で考えましょう！

$n=1$ のとき, 2, 4, 6, 8で, ダメ. これで, n が奇数だったら, 全部偶数になってしまうからダメだ, とわかってしまいます.

$n=2$ のとき, 3, 11, 37, 135で, ダメ. 惜しかったけれど, $135=3^3 \cdot 5$.

$n=4$ のとき, 5, 69, …でダメ. $69=3 \cdot 23$.

$n=6$ のとき, 7, 219, …でダメ. $219=3 \cdot 73$.

$n=8$ のとき, 9, …でダメ. このとき, $n^7+7=2097159$ で, かなり大きくなっています…. 実験も限界が近いですね.

ぽちぽち, 覚悟を決めましょう！ダメになったのは, 全部「3の倍数」が発見されていますね.

解答・解説・思考の流れ ☞ p.208

> **問題56**
>
> a を2以上の実数とし，$f(x)=(x+a)(x+2)$ とする．このとき，$f(f(x))>0$ がすべての実数 x に対して成り立つような a の値の範囲を求めよ．

hint

「すべての x に対して $f(x)>0$」というのは定石パターン．「$f(x)$ の最小値が 0 より大きくなること」が条件になります．もちろん，「不等式の解が実数全体になる」と考える方が楽なこともあります．

今回は，$f(f(x))$ は 4 次関数になるので，最小値を考えるのは，ちょっと大変ですね．

$f(x)$ に $f(x)$ を代入していますから….

解答・解説・思考の流れ ☞ p.210

問題41

　5，9，17が書かれたカードが10枚ずつ，合わせて30枚のカードがある．この中から9枚のカードを選び，それらに書かれた数の和を計算した．その値として考えられるものを次の(ア)～(エ)から選べ．

(ア) 90　　　　(イ) 95　　　　(ウ) 100　　　　(エ) 105

解答・解説・思考の流れ

　ここがポイント！

　奇数を奇数個足すので，和は奇数になる．よって，(ア)と(ウ)は不適である．

　ここがポイント！

　次に，9ばかりを9個足しても95や105には届かないので，17が入るような和になっているはずである．そこで，105以下の17の倍数を並べていくと

$$17,\ 34,\ 51,\ 68,\ 85,\ 102\ \cdots (*)$$

となる．$85 = 17 \times 5$ に注目すると，残り4枚で20を作れば105になる．それは，5を4枚選べば可能である．よって，

$$17 \times 5 + 4 \times 5 = 105$$

で，(エ)は適する（他にも105の作り方はあるが，1つ見つければ十分！）．

　次に，(イ)が不適であることを確認する．

　95に注目するので，$9x + 17y$（x，yは0以上9以下の整数）で

表せる95以下の5の倍数を考えてみる．つまり，(*) に9の倍数を足して5の倍数を作る．

$9 \cdot 5 + 17 \cdot 0 = 45 \Rightarrow$ あと4枚が5 $\Rightarrow 45 + 5 \cdot 4 = 65$

$9 \cdot 1 + 17 \cdot 3 = 60 \Rightarrow$ あと5枚が5 $\Rightarrow 60 + 5 \cdot 5 = 85$

$9 \cdot 4 + 17 \cdot 2 = 70 \Rightarrow$ あと3枚が5 $\Rightarrow 70 + 5 \cdot 3 = 85$

$9 \cdot 7 + 17 \cdot 1 = 80 \Rightarrow$ あと1枚が5 $\Rightarrow 80 + 5 \cdot 1 = 85$

$9 \cdot 0 + 17 \cdot 5 = 85 \Rightarrow$ あと4枚が5 $\Rightarrow 85 + 5 \cdot 4 = 105$

$9 \cdot 3 + 17 \cdot 4 = 95 \Rightarrow$ あと2枚が5 $\Rightarrow 95 + 5 \cdot 2 = 105$

いずれも95にはならないので，(イ) は不適である．

以上から(エ)である．

＊ ＊ ＊

表せないことを示すのは困難でした….

教訓

答えを見つけるだけではダメ！

他が答えにならないことまで確認しよう．

Check 1
- ☐ ヒントなしで解けた
- ☐ ヒントを見たら解けた
- ☐ 解答を見たらわかった
- ☐ 解答を見てもわからない

Check 2
- ☐ ヒントなしで解けた
- ☐ ヒントを見たら解けた
- ☐ 解答を見たらわかった
- ☐ 解答を見てもわからない

問題42

2けたの整数 n は，n, $2n$, $3n$, $4n$, $5n$, $6n$, $7n$, $8n$, $9n$ の9個の数について，各位の数の和がすべて等しくなるという．そのような n をすべて求めよ．

解答・解説・思考の流れ

ここがポイント！

$9n$ は9の倍数なので，題意より，n の各位の数の和は9の倍数になる．つまり，n は9の倍数であることがわかる．

$$n = 18,\ 27,\ 36,\ 45,\ 54,\ 63,\ 72,\ 81,\ 90,\ 99$$

について考える．各位の数の和は，99のみ18で，他は9である．1つ1つ調べていく．

$n = 18$ のとき，$n \sim 9n$ は

$$18,\ 36,\ 54,\ 72,\ 90,\ 108,\ 126,\ 144,\ 162$$

で適する．

$n = 27$ のときは，$7n = 189$ が見つかるので，不適である．

$n = 36$ のときは，$8n = 288$ が見つかるので，不適である．

$n = 45$ のときは，

$$45,\ 90,\ 135,\ 180,\ 225,\ 270,\ 315,\ 360,\ 405$$

で適する．

$n = 54$ のときは，$7n = 378$ が見つかるので，不適である．

$n = 63$ のときは，$3n = 189$ が見つかるので，不適である．

$n = 72$ のときは，$4n = 288$ が見つかるので，不適である．

$n = 81$ のときは，$6n = 486$ が見つかるので，不適である．

$n = 90$ のときは,

90, 180, 270, 360, 450, 540, 630, 720, 810

で適する.

$n = 99$ のときは,

99, 198, 297, 396, 495, 594, 693, 792, 891

で適する.

以上から,$n = 18, 45, 90, 99$ である.

* * *

9の倍数であることを特定するまではスムーズでしたが,最後は,かなり気合いが必要でした.とは言え,これくらいをやり切らねばならない状況はよくあることです.

教訓
10個の n を調べるだけで解けるので,「シラミツブシするだけだ」と割り切る!

Check 1 /	Check 2 /
□ ヒントなしで解けた □ ヒントを見たら解けた □ 解答を見たらわかった □ 解答を見てもわからない	□ ヒントなしで解けた □ ヒントを見たら解けた □ 解答を見たらわかった □ 解答を見てもわからない

問題43

　1冊の古い本がある．その本はいくつかのページが外れてなくなっている．なくなったページの数字は，最小のものが143であり，最大のものが143の各位の数を入れ替えた数である．また，なくなったページの数字をすべて足すと2000である．なくなったのは何ページ分であるか．

解答・解説・思考の流れ　　　　　　　　ここがポイント！

　1枚外れると，表裏2ページ分がなくなることになる．よって，144ページもなくなっている．また，最大のものは偶数になるので，それは314 である（134 <143なので134は不適）．よって，313ページもなくなっている．ここまでで，数字の和は

$$143 + 144 + 313 + 314 = 914$$

となる．（4ページで2000のおよそ半分！残り1086は後4ページでいけそうな予感？）．

　1枚外れると

$$(2n - 1) + (2n) = 4n - 1 : 奇数$$

だけ数字が増える．合計の数字2000が4の倍数なので，外れた枚数は4の倍数である．

　外れた枚数が8枚以上であったら，最小の場合でも

$$914+(145+146)+(147+148)+(149+150)+(151+152)$$
$$+(153+154)+(155+156)$$
$$>900+100\times 12>2000$$

となり，不適である．よって，外れた枚数は4で，ページ数は8であることが必要である（予感はアタリでした）．

和が2000になる組の存在を示す．

$\dfrac{2000-914}{4}=271.5$ なので，この周辺で探すと，

$$(269+270)+(273+274)=1086$$
$$\therefore (143+144)+(269+270)+(273+274)+(313+314)=2000$$

が存在し，十分である．

よって，8ページである．

       *   *   *

複雑な情報を的確に処理しなければならず，なかなか大変な問題です．「最小のものが143」が鍵でした．なくなったページの組合せは他にもありますが，1つ見つけることができたので，これで十分です．他の組合せを考えてはダメです（無駄ですから）！

これしかない（必要）と本当に答え（十分）のセットが大事

問題44

$1 \leqq n \leqq 150$ なる自然数 n に対し，150 を n で割った商と余りの積を $<n>$ で表す．

たとえば，$<20>$ は $150 = 20 \times 7 + 10$ より $<20> = 7 \times 10 = 70$ である．

(1) $<n> = 10$ となる n を求めよ．

(2) $<n> = n$ となる n をすべて求めよ．

解答・解説・思考の流れ

150 を n で割ったときの商を a，余りを b とおく．すると，$150 = na + b$ であり，

$$0 \leqq b \leqq n - 1 \quad \cdots\cdots \quad (*)$$

である．そして，定義から $<n> = ab$ である．

〔式で表現することが大事〕

(1) $ab = 10$ より $(a, b) = (1, 10), (2, 5), (5, 2), (10, 1)$ が必要である．

$(a, b) = (1, 10)$ のとき，$150 = n + 10$ $\therefore$ $n = 140$ ((*)を満たす)

$(a, b) = (2, 5)$ のとき，$150 = 2n + 5$ $\therefore$ $n = 72.5$ （不適）

$(a, b) = (5, 2)$ のとき，$150 = 5n + 2$ $\therefore$ $n = 29.6$ （不適）

$(a, b) = (10, 1)$ のとき，$150 = 10n + 1$ $\therefore$ $n = 14.9$ （不適）

より，$n = 140$ である．

(2) $n = ab$ より，

$$150 = a^2 b + b \quad \therefore \quad (a^2 + 1)b = 150$$

である．150 の正の約数

　　　1，2，3，5，6，10，15，25，30，50，75，150

のうち，a^2+1 の形になるものは 2，5，10，50 の 4 つである．
順に

> ここがポイント！

$$(a, b, n) = (1, 75, 75),\ (2, 30, 60),\ (3, 15, 45),\ (7, 3, 21)$$

となる．このうち $(a, b, n) = (1, 75, 75)$ のみは (*) を満た
さないので，$n = 75$ は除外する．

> ここがポイント！

　　　よって，$n = 21$，45，60 である．

　　　　　　　　＊　　　　＊　　　　＊

　見慣れない記号ではありますが，商と余りをシッカリ式で表現
すれば，それほど難しいものではありませんでした．シラミツブ
シは少し大変ですが…．a^2+1 と b では，a^2+1 の方が特殊な数
です．こちらに注目しましょう！

教訓
　答えが出たと思ったら，そもそもの前提を満たしているか，
最終チェック！

Check	1 /	□ ヒントなしで解けた
		□ ヒントを見たら解けた
		□ 解答を見たらわかった
		□ 解答を見てもわからない

Check	2 /	□ ヒントなしで解けた
		□ ヒントを見たら解けた
		□ 解答を見たらわかった
		□ 解答を見てもわからない

問題45

2 以上の自然数 n に対して，$<n>$ は n の正の約数の中で 2 番目に大きい自然数を表すこととする．例えば，6 の正の約数は 1, 2, 3, 6 なので $<6>=3$ であり，7 の正の約数は 1, 7 なので $<7>=1$ である．

(1) 150 以下の 3 の倍数 n に関する和 $<3>+<6>+<9>+\cdots+<150>$ を求めよ．

(2) $<n>=\dfrac{n}{5}$ $(2\leqq n\leqq 150)$ となる n は何個存在するか答えよ．

第4章 Level 3

● 解 答

解答・解説・思考の流れ

素数 p については $<p>=1$ である．合成数 n の場合は n の素因数のうち最小のものを p として $<n>=\dfrac{n}{p}$ となる．これは素数の場合にも成り立っている．　ルールの本質を理解する

(1) 3 以上 150 以下の 3 の倍数 50 個のうち 6, 12, $\cdots$, 150 の 25 個は偶数より，最小素因数が 2 となる．残りの 25 個は最小素因数が 3 である．よって，

$<3>+<6>+\cdots+<150>$

$=<3>+<9>+\cdots+<147>+<6>+<12>+\cdots+<150>$

$=\dfrac{3}{3}+\dfrac{9}{3}+\cdots+\dfrac{147}{3}+\dfrac{6}{2}+\dfrac{12}{2}+\cdots+\dfrac{150}{2}$

$=(1+3+\cdots+49)+3(1+2+\cdots+25)$

$=25^2+3\cdot\dfrac{25\cdot26}{2}=25(25+39)$

$=1600$

187

である．

(2) 最小素因数が5になるものの個数を数えれば良い．

2から150までの自然数のうち5の倍数は30個ある．このうち，10, 20, …, 150の15個は偶数であるから，最小素因数は5でなく，不適である．次に，15, 30, …, 150の10個は3の倍数であるから，最小素因数が5でなく，不適である．さらに30, 60, 90, 120, 150の5個は6の倍数で，上記2パターンの共通部分である．よって，求める個数は

$$30 - (15 + 10 - 5) = 10$$

である．

＊　　　＊　　　＊

最小素因数に注目できるかどうかですべてが決まります．勝敗の鍵が実に明確でした！150個をすべて調べても良いですが…

教訓　共通部分を見落とさない！

問題46

4けたの自然数Nがある．Nの各位の数はすべて異なり，0はない．Nの各位の数を並べかえて得られる自然数のうち，最大のものとNとの差は3618であり，Nと最小のものとの差は4554である．この4けたの自然数Nを求めよ．

解答・解説・思考の流れ

ここがポイント！

Nの各位に現れる数をa，b，c，d（$1 \leqq a < b < c < d \leqq 9$）とすると，題意より，

$$1000d + 100c + 10b + a - N = 3618 \quad \cdots\cdots\cdots ①$$

$$N - (1000a + 100b + 10c + d) = 4554 \quad \cdots\cdots\cdots ②$$

である．これらの和を計算すると ここがポイント！

$$999d + 90c - 90b - 999a = 8172$$

$$\therefore \quad 111(d - a) + 10(c - b) = 908$$

である．大雑把にみて$0 < 10(c - b) < 100$なので，$d - a = 8$しかありえない．これは，

ここがポイント！

$$（左辺の1の位の数）＝（d - a の1の位の数）＝8$$

からもわかる．しかも$1 \leqq a < d \leqq 9$より，

$$d = 9, \quad a = 1$$

しかない．さらに

$$111 \cdot 8 + 10(c-b) = 908 \quad \therefore \quad c - b = 2$$

である．ここで，①から

$$9000 + 100c + 10b + 1 - N = 3618 \quad \therefore \quad N = 5383 + 100c + 10b$$

である．$100c + 10b$ は10の倍数であるから，Nの1の位は3と決まる．$c = b + 2$，$b > 1$ より，$b = 3$，$c = 5$ ということになる．よって，$(a, b, c, d) = (1, 3, 5, 9)$ であり，

$$N = 5383 + 500 + 30 = 5913$$

しかありえない．これは①，②を満たし，適する．よって，$N = 5913$である．

＊　　　＊　　　＊

かなり絶妙なバランスで答えを求めることができる問題でした．1つでも見落とすと答えに到りません．特に$b = 3$，$c = 5$を特定する部分は秀逸です．このギリギリの戦いが問題を解く醍醐味ですね！

テクニック

「1の位の数」「値の範囲」に注目して整数を特定する．

問題47

図の三角形ABCにおいて，∠ABP = 80°，∠BAP = ∠CAP = ∠CBP = 20°である．直線ACに関するPの対称点をQとおく．

(1) 三角形BCP，BQPが合同であることを示せ．

(2) ∠BCPを求めよ．

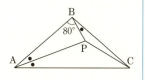

解答・解説・思考の流れ

(1) ∠APB = 180° − (20° + 80°) = 80°，
∠ACB = 180° − (100° + 40°) = 40°
より，AB = AP = BC である．

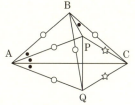

また，Qの取り方から，AQ = AB，∠BAQ = 60° とわかり，三角形ABQは正三角形である．

ここがポイント！

三角形BCP，BQPにおいて，

BC = BQ，BP = BP，

∠CBP = 20°，∠QBP = 80° − 60° = 20°

なので，二辺夾角相等より，三角形BCP，BQPは合同である．

(2) (1)より，CP = PQ とわかる．また，Qの取り方から，CQ = CP なので，三角形CPQは正三角形である． ここがポイント！

対称性から，直線CAは角PCQの二等分線になっているので，∠ACP = 30° である． ここがポイント！

よって，

191

$$\angle BCP = 40° - 30° = 10°$$

である.

*   *   *

(1)の誘導があっても，かなりの難問です．20°，80°から60°を連想して，「正三角形をどこかにくっつけたいな…」くらいは考えるかも知れませんが．

教訓

困ったら正三角形を探そう！
「正三角形っぽいな」とか「正三角形になってくれないかな」とか，まず思えるようになろう！

| Check 1 / | □ ヒントなしで解けた
□ ヒントを見たら解けた
□ 解答を見たらわかった
□ 解答を見てもわからない | Check 2 / | □ ヒントなしで解けた
□ ヒントを見たら解けた
□ 解答を見たらわかった
□ 解答を見てもわからない |

問題48

正の奇数 p に対して，3 つの自然数の組 (x, y, z) で，$x^2 + 4yz = p$ を満たすもの全体の集合を S とおく．すなわち，

$$S = \{(x, y, z) \mid x, y, z \text{ は自然数,} \ x^2 + 4yz = p\}.$$

(1) S が空集合でないための必要十分条件は，$p = 4k + 1$（k は自然数）と書けることであることを示せ．

(2) S の要素の個数が奇数ならば S の要素 (x, y, z) で $y = z$ となるものが存在することを示せ．

第4章 Level3

● 解答

解答・解説・思考の流れ

(1) 2 段階に分けて示す．

● S が空集合でないなら，$x^2 + 4yz = p$ を満たす組 (x, y, z) が存在する．すると，<u>p が奇数で，$4yz$ が偶数なので，x は奇数である</u>．$x = 2X - 1$（X は自然数）とおくと，
[ここがポイント！]
$$p = (2X-1)^2 + 4yz = 4(X^2 - X + yz) + 1$$
となり，$p = 4k + 1$（k は自然数）と書ける．
[ここがポイント！]

● $p = 4k + 1$（k は自然数）と書けるとしたら，<u>$(x, y, z) = (1, k, 1)$ は S の要素となり，S は空集合ではない</u>．

以上で示すことができた．

(2) $(x, y, z) = (a, b, c)$ が S の要素なら，$(x, y, z) = (a, c, b)$ も S の要素になる．

よって, S の要素のすべての要素が $y \ne z$ を満たしていたら, S の要素の個数は偶数になってしまう. 対偶を考えることで, 「S の要素の個数が奇数なら, $y = z$ を満たす S の要素が存在する」を示すことができた.

　　　　　＊　　　　＊　　　　＊

(2)は取っかかりが見えにくい問題です. y, z の対称性から, 「要素の個数が奇数」というのが特殊な状況であることがわかれば…. ただし, $y = z$ を満たす要素があっても, S の要素の個数が偶数になる可能性はあります. そんな組が偶数個あるか, 奇数個あるかによるからです.

全体像は見えませんが, 証明だけはできる問題でした.

論証

「p ならば q」を示すには「q でないなら p でない」を示せばよいのです.

「p ならば q」の対偶が「q でないなら p でない」で, これらの真偽は一致します.

問題49

$0 < p < 1$ とする．数直線上を次の規則に従って動く点 Q を考える．

(ⅰ) 時刻 0 に Q は原点にある．

(ⅱ) 時刻 n $(n = 0,\ 1,\ 2,\ \cdots)$ における Q の座標が x であるとき，時刻 $n+1$ に Q は，確率 p で座標 $x+1$ の点に，確率 $1-p$ で座標 $x+2$ の点に移動する．

時刻 k における Q の座標を X_k で表し，$n \geqq 1$ に対し，$X_1,\ X_2,\ \cdots\cdots,\ X_n$ を点 Q の時刻 n までの「訪問点」と呼ぶことにする．

(1) 4 と 6 がともに Q の時刻 6 までの訪問点となる確率を求めよ．

(2) m を自然数とする．3 から $3m$ までの 3 の倍数 3, 6, $\cdots$, $3m$ のいずれも Q の時刻 $3m$ までの訪問点とならない確率を求めよ．

解答・解説・思考の流れ

(1) 4 が訪問点になる移動法は，「+1 が 4 回（1 通り）」「+1 が 2 回，+2 が 1 回（3 通り）」「+2 が 2 回（1 通り）」だけある．4 から 6 への移動法は「+1 が 2 回（1 通り）」「+2 が 1 回（1 通り）」だけある．よって，

$$\{p^4 + 3p^2(1-p) + (1-p)^2\}\{p^2 + (1-p)\}$$
$$= (p^4 - 3p^3 + 4p^2 - 2p + 1)(p^2 - p + 1)$$

195

である．

(2) 3の倍数をすべて避けて移動するには

$0 \to 1 \to 2 \to 4 \to 5 \to 7 \to 8 \to 10 \to \cdots \to 3m-1 \to 3m+1$,

$0 \to 2 \to 4 \to 5 \to 7 \to 8 \to 10 \to \cdots\cdots \to 3m-1 \to 3m+1$

と，2を訪問後，「+2」で4を訪問し，その後は「+1，+2」を繰り返すしかない．この繰り返しは$m-1$回行われるので，求める確率は，

ここがポイント！

$\{p^2+(1-p)\}(1-p)\,p\,(1-p)\,p\,(1-p)\cdots\,p\,(1-p)$
$$= (p^2-p+1)\,p^{m-1}(1-p)^m$$

である．

＊　　　＊　　　＊

シラミツブシを即決できたでしょうか？

(2)は最初に選択肢があるだけで，残りは1通りに決まってしまいました．しかも，「時刻$3m$まで」とは言いながら，実際は，$2m+1$回分を考えるだけでした（残りは，どう移動しても構わない，ということ）．題意をしっかり見抜くことさえできれば，それほど難しくはない問題です．

文字の多さに負けるな‼

問題50

Aを一辺が1の立方体の積み木とし，Bは縦と横が1で高さが2の直方体の積み木とする．A，Bとも十分たくさんあるとして，これらを積み上げて高さがnの塔（縦と横が1で高さがnの直方体，ただしnは自然数）を作るとき，積み上げ方の場合の数をa_nとする．

(1) a_1，a_2，a_3を求めよ．

(2) a_{11}を求めよ．

(3) 使える個数がAは9個，Bは4個までとしたとき，高さ11の塔を作る積み上げ方の場合の数を求めよ．

第4章 Level 3

● 解 答

解答・解説・思考の流れ

(1) $a_1 = 1$，$a_2 = 2$，$a_3 = 3$ である．

$n = 2 : [A][A]$ と $[B]$　　$n = 3 : [A][A][A]$，$[A][B]$，$[B][A]$

(2) 一番下を $[A]$ にしたら，残りは高さ10の塔を作ることと同じ．

一番下を $[B]$ にしたら，残りは高さ9の塔を作ることと同じ．

よって，

ここがポイント！　　　　$a_{11} = a_{10} + a_9$

である．一般に，$a_{n+2} = a_{n+1} + a_n$ が成り立つ．これをくり返して，

$a_4 = 2 + 3 = 5$，$a_5 = 3 + 5 = 8$，$a_6 = 5 + 8 = 13$，

$a_7 = 8 + 13 = 21$，$a_8 = 13 + 21 = 34$，$a_9 = 21 + 34 = 55$，

$a_{10} = 34 + 55 = 89$

$\therefore \quad a_{11} = 55 + 89 = 144$

197

である．

(3) B の個数で分類して，可能なパターンは

$(A の個数, B の個数) = (3, 4), (5, 3), (7, 2), (9, 1)$

だけある．それぞれ，B を何番目に入れるかを考えることで，総数は

ここがポイント！

$_7C_4 + {}_8C_3 + {}_9C_2 + {}_{10}C_1 = 35 + 56 + 36 + 10 = 137$ （通り）

である．

＊　　　＊　　　＊

(2) は数の並びのルールを調べる数列の発想で考えたので，少し高度になりました．$a_{n+2} = a_{n+1} + a_n$ のような式を漸化式といいます．$a_1 = 1$，$a_2 = 2$ から次々と a_3, a_4, … が求まります．(3) で考えていないパターンは

$(A の個数, B の個数) = (1, 5), (11, 0)$

で，合わせて $_6C_1 + 1 = 7$ 通りあります．これを考えておけば，(2) の別解が考えられそうです．つまり，(3) が先にわかって，(2) が $137 + 7 = 144$ とわかります．

問題51

実数aに対して，aを超えない最大の整数を$[a]$で表す．10000以下の正の整数nで$[\sqrt{n}]$がnの約数となるものは何個あるか．

解答・解説・思考の流れ

ここがポイント！

$[\sqrt{n}]=k$（kは自然数で$1 \leqq k \leqq 100$）とおく．

$k=100$となるのは$n=10000$のみで，これは100の倍数で，適する．

$1 \leqq k \leqq 99$に対し，$[\sqrt{n}]=k$となるnは

$$\sqrt{n}-1 < k \leqq \sqrt{n} \iff k \leqq \sqrt{n} < k+1$$

$$\therefore \quad k^2 \leqq n < k^2+2k+1$$

の$(k^2+2k+1)-k^2=2k+1$個である．この中でkの倍数になるのは

$$n=k^2, \ k^2+k, \ k^2+2k$$

の3個だけである．

よって，求める個数は

$$3+3+\cdots+3+1=3\times 99+1=298$$

である．

* * *

捉えどころがない問題ですが，実験で様子がわかります．nを

基準として考えるよりは，100個しかないkを基準にして考える方が良いのです！ kの倍数はk個おきに登場するから「あんまり無いな」と思いながら深く考えると，「各kに対して3個ずつ」と見えます．

その瞬間には，心が踊りそうですね！けれど，$k = 100$というレアケースが用意されていますから，そこは冷静に処理しなければなりません！

教訓

レアケースを見落とさないように注意！

Check 1/
□ ヒントなしで解けた
□ ヒントを見たら解けた
□ 解答を見たらわかった
□ 解答を見てもわからない

Check 2/
□ ヒントなしで解けた
□ ヒントを見たら解けた
□ 解答を見たらわかった
□ 解答を見てもわからない

問題52

1つの角が $120°$ の三角形がある.この三角形の3辺の長さ x, y, z は $x < y < z$ を満たす整数である.

(1) $x + y - z = 2$ を満たす x, y, z の組をすべて求めよ.

(2) a, b を0以上の整数とする. $x + y - z = 2^a 3^b$ を満たす x, y, z の組の個数を a と b の式で表せ.

第4章 Level 3

解答

解答・解説・思考の流れ

> ここがポイント!

$120°$ は最大角なので,対辺の長さは z である.よって,余弦定理から

$$z^2 = x^2 + y^2 - 2xy\cos 120° \quad \therefore \quad z^2 = x^2 + y^2 + xy \quad \cdots \quad (*)$$

である.

(1) $z = x + y - 2$ を $(*)$ に代入して z を消去すると

$$(x + y - 2)^2 = x^2 + y^2 + xy \iff$$
$$x^2 + y^2 + 4 + 2xy - 4x - 4y = x^2 + y^2 + xy$$
$$\therefore \quad xy - 4x - 4y + 4 = 0$$

である.積の形を作って ← ここがポイント!

$$(x - 4)(y - 4) - 16 + 4 = 0 \quad \therefore \quad (x - 4)(y - 4) = 12$$

となる. $0 < x < y$ より, $(x - 4, y - 4) = (1, 12), (2, 6), (3, 4)$ であり,

$$(x, y, z) = (5, 16, 19), \quad (6, 10, 14), \quad (7, 8, 13)$$

201

である.

(2) $z = x + y - 2^a 3^b$ を (∗) に代入して z を消去すると

$$(x + y - 2^a 3^b)^2 = x^2 + y^2 + xy \iff$$
$$xy - 2^{a+1}3^b x - 2^{a+1}3^b y + 2^{2a}3^{2b} = 0$$
$$\therefore \quad (x - 2^{a+1}3^b)(y - 2^{a+1}3^b) = 2^{2a}3^{2b+1}$$
$$(2^{2a+2}3^{2b} - 2^{2a}3^{2b} = (4-1)2^{2a}3^{2b} = 2^{2a}3^{2b+1} \text{ より})$$

である. $0 < x - 2^{a+1}3^b < y - 2^{a+1}3^b$ であることと,$2^{2a}3^{2b+1}$ の約数の個数が $(2a+1)(2b+2)$ という偶数であることから,求める (x, y, z) の個数は

$$\frac{(2a+1)(2b+2)}{2} = (2a+1)(b+1)$$

である.

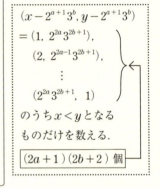

$(x - 2^{a+1}3^b, y - 2^{a+1}3^b)$
$= (1, 2^{2a}3^{2b+1}),$
$\quad (2, 2^{2a-1}3^{2b+1}),$
$\quad \vdots$
$\quad (2^{2a}3^{2b+1}, 1)$
のうち $x < y$ となるものだけを数える.
$(2a+1)(2b+2)$ 個

*　　　*　　　*

(1) は $(x-4)(y-4) = 12$ から,3 組が求まりました.$12 = 2^2 \cdot 3$ の約数が $3 \cdot 2 = 6$ 個であることから $(1, 12)$, $(2, 6)$, $(3, 4)$, $(4, 3)$, $(6, 2)$, $(12, 1)$ の 6 個が候補になり,$0 < x < y$ から $(1, 12)$, $(2, 6)$, $(3, 4)$ だけが残ったのです.これを (2) に活かしました.

教訓　(1)の経験を(2)で活かす！
文字が入っても落ちついて処理しよう．

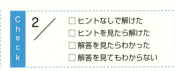

問題 53

次の命題 (p), (q) のそれぞれについて，正しいかどうか答えよ．正しければ証明し，正しくなければ反例を挙げて正しくないことを説明せよ．

(p) 正 n 角形の頂点から 3 点を選んで内角の 1 つが $60°$ である三角形を作ることができるならば，n は 3 の倍数である．

(q) △ABC と △ABD において，AC < AD かつ BC < BD ならば，∠C > ∠D である．

解答・解説・思考の流れ

(p) 正しい．以下で，それを示す．

正 n 角形の外接円を描き，その中心を O とする．また，3 つの頂点 A, B, C を選んで三角形 ABC を作り，∠BAC = $60°$ となるとする．すると，∠BOC = $120°$ である．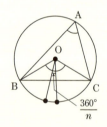

これが $\dfrac{360°}{n}$ の自然数倍なので，

$$120° = k \times \dfrac{360°}{n} \quad \therefore \quad n = 3k \quad (k \text{ は自然数})$$

となり，n は 3 の倍数である．

(q) 正しくない.

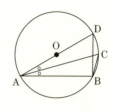

　三角形ABDを∠A = 30°，∠B = 90°，∠D = 60°の三角形とし，その外接円を描いておく．∠Aの2等分線と外接円の交点をCとおく．すると，ADは直径なので，AC < ADである．

　三角形BCDがBC = CD，∠BCD = 150°の二等辺三角形なので，BC < BDである．また，円周角の定理から，∠C = ∠Dである．

　よって，これが反例になっている．

＊　　　＊　　　＊

　(q)の反例はいくらでも作ることができます．たくさんの反例を考えてみてください．

教訓

思い込みでやらないように注意！

問題54

AB = 1, ∠A = 90°, ∠B = 60°, ∠C = 30° の三角形ABCの内部に，∠APB = ∠BPC = 120° となる点Pをとる．

(1) 3つの長さの比 AP : BP : CP を求めよ．

(2) AP を求めよ．

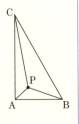

解答・解説・思考の流れ　　ここがポイント！

(1) 三角形APB，BPCが相似であることを示す．

$$\angle APB = \angle BPC = 120°$$

である．また，三角形ABPの内角の和を考えると

$$\angle PAB + \angle PBA = 180° - 120° = 60°$$

である．また，

$$\angle PBC + \angle PBA = \angle ABC = 60°$$

であるから，

$$\angle PAB = \angle PBC$$

である．二角相等より，三角形APB，BPCは相似である．AB = 1，BC = 2なので，相似比は 1 : 2 である．よって，

AP : BP = 1 : 2, BP : CP = 1 : 2 ∴ AP : BP : CP = 1 : 2 : 4

である．

(2) AP = x とおくと，BP = $2x$ なので，三角形ABPで余弦定理より

206

$$1 = x^2 + 4x^2 - 2 \cdot x \cdot 2x\cos120° \iff 7x^2 = 1 \quad \therefore \quad x = \frac{1}{\sqrt{7}}$$

である．これが求める長さである．

* * *

(1)は，比が求まることからの逆算で相似に気づき，それを示すだけでした．ちゃんと逆算できたでしょうか？(2)は頭を切り替えて，余弦定理でした．解法の選択，道具の駆使は重要です！いつでも，何でも引き出せるようにしておかないと，せっかくの問題解決力を活かすことができませんから．

教訓
道具はいつでもどこでも自由に使えるように！

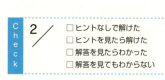

問題55

4個の整数 $n+1$, n^3+3, n^5+5, n^7+7 がすべて素数となるような自然数 n は存在するか. するならば, 具体的に1つを挙げよ. 存在しないなら, それを示せ.

解答・解説・思考の流れ

「存在しない」ことを示す.

n を3で割った余りで分類する. ←ここがポイント!

● $n=3k$ (k は自然数) のとき, n^3+3 は3より大きい3の倍数になり, 素数ではない.

● $n=3k-1$ (k は自然数) のとき,
$$n^7+7 \equiv (-1)^7+7=6 \equiv 0 \pmod 3$$
は3より大きい3の倍数になり, 素数ではない.

● $n=3k-2$ (k は自然数) のとき,
$$n^5+5 \equiv (-2)^5+5 \equiv (1)^5+5=6 \equiv 0 \pmod 3$$
は3より大きい3の倍数になり, 素数ではない.

以上から, $n+1$, n^3+3, n^5+5, n^7+7 がすべて素数となるような自然数 n は存在しないことが示された.

* * *

「4個の整数を考えるので, 4で割った余りで分類?」と考えることもできますが, 実験をしてみると, 3で割った余りで考える

ことが想像できます．ちなみに，$n = 3k - 1$ のとき，$n+1$ も3の倍数です．しかし，$k = 1$ のときだけは素数3になってしまいます．安全のために $n^7 + 7$ で考えました．

問題としては，「3個の整数 $n^3 + 3$, $n^5 + 5$, $n^7 + 7$ がすべて素数…」でも同じですが，$n^{(奇数)} + (奇数)$ で形を揃えるには，$n+1$ が入っている方がキレイですね．

教訓
実験しないとわからないこともある！
まず手を動かそう！

Check 1/
□ ヒントなしで解けた
□ ヒントを見たら解けた
□ 解答を見たらわかった
□ 解答を見てもわからない

Check 2/
□ ヒントなしで解けた
□ ヒントを見たら解けた
□ 解答を見たらわかった
□ 解答を見てもわからない

問題56

a を2以上の実数とし, $f(x) = (x+a)(x+2)$ とする. このとき, $f(f(x)) > 0$ がすべての実数 x に対して成り立つような a の値の範囲を求めよ.

解答・解説・思考の流れ

ここがポイント！

$X = f(x)$ とおく. 軸は $-a$ と -2 の中間地点にあるので, $x = -\dfrac{a+2}{2}$ で最小値をとり, X のとりうる値の範囲は

$$X \geq f\left(-\dfrac{a+2}{2}\right) = -\left(\dfrac{a-2}{2}\right)^2$$

である.

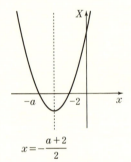

$f(f(x)) > 0$ は

$$(X+a)(X+2) > 0 \iff X < -a, \ -2 < X$$

なので, 求める条件は「$X \geq -\left(\dfrac{a-2}{2}\right)^2$ を満たすすべての X で $X < -a, \ -2 < X$ が成り立つ」である. つまり,

ここがポイント！

$$\{X \mid X < -a, \ -2 < X\} \supset \left\{X \mid X \geq -\left(\dfrac{a-2}{2}\right)^2\right\}$$

ということである.

よって，求める条件は

$$-\left(\frac{a-2}{2}\right)^2 > -2 \text{ かつ } a \geq 2$$

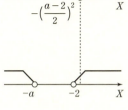

$\iff (a-2)^2 < 8 \text{ かつ } a \geq 2$
$\iff 2-2\sqrt{2} < a < 2+2\sqrt{2} \text{ かつ } a \geq 2$
$\therefore\ 2 \leq a < 2+2\sqrt{2}$

である．

* * *

通常は「すべての x で $F(x) > 0$」というタイプは「($F(x)$ の最小値) > 0」と言い換えて処理しますが，今回は，$F(x) = f(f(x))$ が文字の入った4次関数で，最小値を求めるのは厄介になります．そこで，「すべての x で成り立つ」を「解が"すべて"になる」と言い換えました．しかも，$X = f(x)$ の不等式と考えることで，かなりシンプルになったのです．ただし，X の範囲に注意が必要でした！

ちなみに，2次関数が因数分解されていたら，x 軸との2交点のちょうど真ん中に軸がくるので，平方完成しなくても最小値がわかります．

教訓

いいかえが大事！

column 2 「問題が解ける」ということ

「数学の問題が解ける」とはどういうことなのでしょうか？

簡単に解ける問題というのは，見た瞬間に解法の流れがイメージできて，「あとは計算を実行するだけだな」と思えるもののことでしょう．

では，少し頑張って解ける問題は？
「何となく問題の言いたいことがわかって，雰囲気に合うように，何となく手を動かしていたら，先が読める状況にまで持って来れて，あとはイメージ通りに進んだ」という感じではないでしょうか．

「少し頑張れば解ける問題」＝「安定して得点できる問題」

「類題と認知できる力」を身につけなければなりません．

大事なことは，いまの自分にとっての難問を大切にすることです．
難しいと感じるのは，**処理手順の把握，各段階の処理，解法判断(類題認知)** のどこかで詰まってしまうからです．

解答を見ると，これらがすべて，無慈悲に与えられています．処理順の判断という大事な経験ができません．解く際に躓く「難所」にも気づきません．解答が「理解」だけできてしまうのです．

「失敗は成功のもと」です．失敗せずに成功例だけを見ても，何も得られません．

せっかくのわからない問題なので，じっくり体幹を鍛えるために活用しましょう！そして，これが，「少し頑張ったら解ける問題」を効率的に増やすことになります．

〈コラム3につづく〉

第5章

Level-4

国立大学入試問題の超難問

問題 57 ▶▶ 62

- p.214～ 問題
- p.219～ hint
- p.228～ 解答・解説・思考の流れ

問題57

　n を2以上の整数とする．自然数の n 乗になる数を n 乗数と呼ぶことにする．

(1) 連続する2個の自然数の積は n 乗数でないことを示せ．

(2) 連続する n 個の自然数の積は n 乗数でないことを示せ．

hint ☞ p.219

解答・解説・思考の流れ ☞ p.228

問題58

(1) $\sqrt[3]{2}$ が無理数であることを証明せよ．

(2) $P(x)$ は有理数を係数とする x の多項式で，$P(\sqrt[3]{2})=0$ を満たしているとする．

　　このとき，$P(x)$ は x^3-2 で割り切れることを証明せよ．

hint ☞ p.219

解答・解説・思考の流れ ☞ p.230

問題59

次の2つの条件(i), (ii)を満たす自然数nについて考える.

(i) nは素数ではない.

(ii) l, mを1でもnでもないnの正の約数とすると,必ず $|l-m| \leqq 2$である.

このとき,以下の問いに答えよ.

(1) nが偶数のとき, (i), (ii)を満たす自然数nをすべて求めよ.

(2) nが7の倍数のとき, (i), (ii)を満たす自然数nをすべて求めよ.

(3) $2 \leqq n \leqq 1000$の範囲で, (i), (ii)を満たす自然数nをすべて求めよ.

第5章 Level 4

● 問題

hint ☞ p.220

解答・解説・思考の流れ ☞ p.234

問題60

次の命題Pを証明したい.

命題P：次の条件 (a)，(b)をともに満たす自然数Aが存在
する.

(a)Aは連続する3つの自然数の積である.

(b)Aを10進法で表したとき，1が連続して99回以上現れ
るところがある.

以下の問いに答えよ.

(1)yを自然数とする．このとき不等式

$$x^3 + 3yx^2 < (x+y-1)(x+y)(x+y+1) < x^3 + (3y+1)x^2$$

が成り立つような正の実数xの範囲を求めよ.

(2)命題Pを証明せよ.

hint ☞ p.222

解答・解説・思考の流れ ☞ p.238

問題61

A，Bの2人がいる．投げたとき表裏が出る確率がそれぞれ $\frac{1}{2}$ のコインが1枚あり，最初はAがそのコインを持っている．次の操作を繰り返す．

(i) Aがコインを持っているときは，コインを投げ，表が出ればAに1点を与え，コインはAがそのまま持つ．裏が出れば，両者に点を与えず，AはコインをBに渡す．

(ii) Bがコインを持っているときは，コインを投げ，表が出ればBに1点を与え，コインはBがそのまま持つ．裏が出れば，両者に点を与えず，BはコインをAに渡す．

そして，A，Bのいずれかが2点を獲得した時点で，2点を獲得した方の勝利とする．たとえば，コインが表，裏，表，表と出た場合，この時点でAは1点，Bは2点を獲得しているので，Bの勝利となる．

A，Bあわせてちょうど n 回コインを投げ終えたときにAの勝利となる確率 $p(n)$ を求めよ．

hint ☞ p.224

解答・解説・思考の流れ ☞ p.241

217

問題62

n を3以上の整数とする. n 個の球 K_1, K_2, $\cdots$, K_n と n 個の空の箱 H_1, H_2, $\cdots$, H_n がある. 以下のように, K_1, K_2, $\cdots$, K_n の順番に, 球を箱に1つずつ入れていく.

まず, 球 K_1 を箱 H_1, H_2, $\cdots$, H_n のどれか1つに無作為に入れる. 次に, 球 K_2 を, 箱 H_2 が空ならば H_2 に入れ, 箱 H_2 が空でなければ残りの $n-1$ 個の空の箱のどれか1つに無作為に入れる.

一般に, $i = 2, 3, \cdots, n$ について, 球 K_i を, 箱 H_i が空ならば H_i に入れ, 箱 H_i が空でなければ残りの $n-i+1$ 個の空の箱のどれか1つに無作為に入れる.

(1) K_n が入る箱は H_1 または H_n である. これを証明せよ.

K_{n-1} が H_{n-1} に入る確率を p_n とおく ($n \geq 3$).

(2) p_3, p_4 を求めよ.

(3) $n \geq 4$ のとき, $p_n = \dfrac{2}{n} + \dfrac{p_{n-1} + p_{n-2} + \cdots\cdots + p_3}{n}$ が成り立つことを示せ.

(4) p_n を求めよ.

hint ☞ p.226

解答・解説・思考の流れ ☞ p.244

問題57

n を2以上の整数とする．自然数の n 乗になる数を n 乗数と呼ぶことにする．

(1) 連続する2個の自然数の積は n 乗数でないことを示せ．

(2) 連続する n 個の自然数の積は n 乗数でないことを示せ．

hint

証明の流れは，いずれも「背理法」にするのがキレイです．

(1) は連続する整数なので，「互いに素」がポイントになります！連続する整数 k，$k+1$ は必ず互いに素です．(2) はあることを発見しないと証明できません．

解答・解説・思考の流れ ☞ p.228

問題58

(1) $\sqrt[3]{2}$ が無理数であることを証明せよ．

(2) $P(x)$ は有理数を係数とする x の多項式で，$P(\sqrt[3]{2})=0$ を満たしているとする．

このとき，$P(x)$ は x^3-2 で割り切れることを証明せよ．

hint

(1) は背理法で．もちろん，(2) のヒントになっています！$P(x)$ を3次式 x^3-2 で割ったとき，余りは ax^2+bx+c (a, b, c

は有理数) とおくことができます. 3乗根の性質 $(\sqrt[3]{2})^2 = \sqrt[3]{4}$, $(\sqrt[3]{2})^3 = 2$ を利用しそうです…. 証明すべきことは, 「$a\sqrt[3]{4} + b\sqrt[3]{2} + c = 0$ なら $a = b = c = 0$」です. $\sqrt[3]{4}$ を消す方法を考えましょう!

解答・解説・思考の流れ ☞ p.230

問題59

　次の2つの条件(i), (ii)を満たす自然数nについて考える.

(i) nは素数ではない.

(ii) l, mを1でもnでもないnの正の約数とすると, 必ず $|l-m| \le 2$ である.

このとき, 以下の問いに答えよ.

(1) nが偶数のとき, (i), (ii)を満たす自然数nをすべて求めよ.

(2) nが7の倍数のとき, (i), (ii)を満たす自然数nをすべて求めよ.

(3) $2 \le n \le 1000$の範囲で, (i), (ii)を満たす自然数nをすべて求めよ.

hint

　「どんな約数l, mでも必ず」という強烈ではあるけれど, わかりにくい条件になっています. 「必ず$|l-m| \le 2$」なので, こういうときは…$|l-m|$が最大になるときを考えます!

例えば，$n = 20$ としたら，1，20以外の約数は2，4，5，10です．$(l, m) = (2, 4)$ のときは $|l - m| = 2$ です．$(l, m) = (4, 5)$ のときは $|l - m| = 1$ です．しかし，$(l, m) = (2, 10)$ のときは $|l - m| = 8$ で，(ii)は成り立ちません（これが，$|l - m|$ が最大のときです）．

　この例から，$|l - m|$ が最大になるのがどんなときか，わかりそうですね！それが条件(ii)の本質です！「最小約数と最大約数」に注目して得られる条件が"必要"で，そこから，「すべての l，m で」まで考えて"十分"となります．

解答・解説・思考の流れ ☞ p.234

第5章

Level 4

● ヒント

221

問題60

次の命題Pを証明したい.

命題P：次の条件 (a)，(b)をともに満たす自然数Aが存在する.

(a)Aは連続する3つの自然数の積である.

(b)Aを10進法で表したとき，1が連続して99回以上現れるところがある.

以下の問いに答えよ.

(1)yを自然数とする．このとき不等式

$$x^3 + 3yx^2 < (x+y-1)(x+y)(x+y+1) < x^3 + (3y+1)x^2$$

が成り立つような正の実数xの範囲を求めよ.

(2)命題Pを証明せよ.

hint

(1) の答えは，なかなか複雑な形です．左半分の扱いは？右半分は，解の公式で頑張りますが，ルートの中身が$9y^4 + 4y^3 - 6y^2 - 4y + 1$と，かなり煩雑です….

(1) が (2) に関連することはわかります．どう考えても，「x，y をうまく定めてAを作れ」という問題です．「11…（99個以上）…11」がどこにあるのか？

先頭：11…（99個以上）…11●●…●

中盤：○○…○11…（99個以上）…11●●…●

末尾：○○…○11…（99個以上）…11

222

まずは，これを判断しましょう！

連続3整数の積は「6の倍数」になるので，1の位は必ず偶数．
ゆえに，末尾はあり得ませんね．

(1)の雰囲気：$x^3 + 3yx^2 < A < x^3 + 3yx^2 + x^2$ からは，

$x^3 = ○○\cdots○\,00\cdots\cdots\cdots0$

$3yx^2 = 11\cdots$（99個以上）$\cdots11●●\cdots●$

$3yx^2 + x^2 = 11\cdots$（99個以上）$\cdots11★★\cdots★$

と見えてこないでしょうか？誘導としては，「中盤」を想定して
る感じです．

解答・解説・思考の流れ ☞ p.238

第5章

Level 4

● ヒント

問題61

　A，Bの2人がいる．投げたとき表裏が出る確率がそれ
ぞれ$\frac{1}{2}$のコインが1枚あり，最初はAがそのコインを持っ
ている．次の操作を繰り返す．

(i) Aがコインを持っているときは，コインを投げ，表が
　　出ればAに1点を与え，コインはAがそのまま持つ．裏
　　が出れば，両者に点を与えず，AはコインをBに渡す．

(ii) Bがコインを持っているときは，コインを投げ，表が
　　出ればBに1点を与え，コインはBがそのまま持つ．裏
　　が出れば，両者に点を与えず，BはコインをAに渡す．

　そして，A，Bのいずれかが2点を獲得した時点で，2点
を獲得した方の勝利とする．たとえば，コインが表，裏，表，
表と出た場合，この時点でAは1点，Bは2点を獲得して
いるので，Bの勝利となる．

　A，Bあわせてちょうどn回コインを投げ終えたときに
Aの勝利となる確率$p(n)$を求めよ．

hint

　例として挙げられていたのは，$n=4$の場合です．4回でAが
勝つパターンは，「裏(A)，裏(B)，表(A)，表(A)」「表(A)，
裏(A)，裏(B)，表(A)」の2つです(( )内は投げた人)．4回目
は「表(A)」です！ゆえに，$p(4)=\dfrac{2}{2^4}=\dfrac{1}{8}$です．いずれもAが2点
でBが0点です．

では，$n=3$のときはどうでしょうか？実は，この場合は$p(3)$ $=0$です．

おまけに，$n=5$では？「表（A），裏（A），表（B），裏（B），表（A）」「裏（A），表（B），裏（B），表（A），表（A）」の2パターンしかなく，$p(5)=\dfrac{2}{2^5}=\dfrac{1}{16}$ です．いずれも，Aが2点でBが1点です．

何か法則は見えてきますか？すぐにわかるのは「最後は必ず表（A）」ですね．

解答・解説・思考の流れ ☞ p.241

問題62

nを3以上の整数とする. n個の球K_1, K_2, $\cdots$, K_nとn個の空の箱H_1, H_2, $\cdots$, H_nがある. 以下のように, K_1, K_2, $\cdots$, K_nの順番に, 球を箱に1つずつ入れていく.

まず, 球K_1を箱H_1, H_2, $\cdots$, H_nのどれか1つに無作為に入れる. 次に, 球K_2を, 箱H_2が空ならばH_2に入れ, 箱H_2が空でなければ残りの$n-1$個の空の箱のどれか1つに無作為に入れる.

一般に, $i=2,3,\cdots$, nについて, 球K_iを, 箱H_iが空ならばH_iに入れ, 箱H_iが空でなければ残りの$n-i+1$個の空の箱のどれか1つに無作為に入れる.

(1) K_nが入る箱はH_1またはH_nである. これを証明せよ.

　K_{n-1}がH_{n-1}に入る確率をp_nとおく($n\geqq3$).

(2) p_3, p_4を求めよ.

(3) $n\geqq4$のとき, $p_n=\dfrac{2}{n}+\dfrac{p_{n-1}+p_{n-2}+\cdots\cdots+p_3}{n}$ が成り立つことを示せ.

(4) p_nを求めよ.

hint

(1)は, K_nを入れるときに, H_nが空かどうかで場合分けすることになります. 空でないときに, どれか1つの箱が空になっているのですが, おそらく, それがH_1と決まるのでしょう. その理由を考えてみましょう.

(2)はまず実験で様子を探りましょう．

○$n=3$のときはどうでしょうか？3個のときにK_2がH_2に入る確率です．

・K_1がH_1に入るとき

・K_1がH_2に入るとき

・K_1がH_3に入るとき

○$n=4$のときも実験！

(3)は少し複雑です．

・K_1がH_1に入るとき

・K_1がH_2に入るとき

$$\vdots$$

・K_1がH_nに入るとき

のn通りが，それぞれ和の1つ1つに対応しているのではないでしょうか？

(4)の答えは？実は，(2)から予想できることが正しいのです！型にはめてキッチリ論証するには，数学的帰納法になります．

解答・解説・思考の流れ ☞ p.244

問題57

n を2以上の整数とする．自然数の n 乗になる数を n 乗数と呼ぶことにする．

(1) 連続する2個の自然数の積は n 乗数でないことを示せ．

(2) 連続する n 個の自然数の積は n 乗数でないことを示せ．

解答・解説・思考の流れ

(1) 自然数 k で，$k(k+1)$ が n 乗数になるものが存在すると仮定し，矛盾を導く．

ここがポイント！

　<u>k, $k+1$ は互いに素なので，k, $k+1$ がともに n 乗数でなければならない</u>．すると，

$$k=a^n, \ k+1=b^n \ (a, \ b \text{ は自然数})$$

とおけて，k を消去することで

$$a^n+1=b^n \quad \therefore \quad (b-a)(b^{n-1}+ab^{n-2}+\cdots+a^{n-1})=1$$

を得る．すると，$b-a$, $b^{n-1}+ab^{n-2}+\cdots+a^{n-1}$ ともに1で

$$b^{n-1}+ab^{n-2}+\cdots+a^{n-1}=1$$

となる．しかし，左辺は n 個 $(n \geqq 2)$ の自然数の和なので，このようなことは起こらない．

　よって，仮定は誤りで，連続する2個の自然数の積は n 乗数でないことが示された．

(2) (1)で $n=2$ の場合は示したので，$n \geqq 3$ とする．

　自然数 k で，$k(k+1)\cdots(k+n-1)$ が n 乗数になるものが存在すると仮定し，矛盾を導く．

$$k^n < k(k+1) \cdots (k+n-1) < (k+n-1)^n \quad \text{ここがポイント！}$$

より，

$$k(k+1) \cdots (k+n-1) = c^n \, (k < c < k+n-1)$$

となる自然数 c が存在する．すると，$c+1$ が $k+2$，$\cdots$，$k+n-1$ のどれかと一致することになり，c と互いに素なはずの $c+1 \, (\geqq 2)$ が c^n の約数になってしまう．これは矛盾である．

よって，仮定は誤りで，連続する n 個の自然数の積は n 乗数でないことが示された．

* * *

(1)は，k と $k+1$ がともに n 乗数となることから矛盾を導くことができました．連続する整数がともに n 乗数になることはない，とわかったのです．

(2)は，n 乗数が「何」の n 乗かを，範囲を絞って書き下すことがポイントでした．「c と $c-1$ が互いに素」で考えても良さそうですが，万が一，$c-1=1$ となったら面倒なことになります．だから，$c+1$ を用いました．

教訓

(1)の論法が(2)のヒント．強引にでも矛盾を導こう！

| Check 1 / | □ ヒントなしで解けた
□ ヒントを見たら解けた
□ 解答を見たらわかった
□ 解答を見てもわからない | Check 2 / | □ ヒントなしで解けた
□ ヒントを見たら解けた
□ 解答を見たらわかった
□ 解答を見てもわからない |

問題58

(1) $\sqrt[3]{2}$ が無理数であることを証明せよ.

(2) $P(x)$ は有理数を係数とする x の多項式で, $P(\sqrt[3]{2})=0$ を満たしているとする.

このとき, $P(x)$ は x^3-2 で割り切れることを証明せよ.

解答・解説・思考の流れ

(1) $\sqrt[3]{2}$ が有理数と仮定して, 矛盾を導く.

$$\sqrt[3]{2}=\frac{q}{p} \quad (p,\ q \text{ は互いに素な自然数})$$

とおける. 両辺を3乗して, 分母を払うことで, $2p^3=q^3$ を得る. すると, q は偶数なので, $q=2r\,(r\text{は自然数})$ とおくことができる. すると,

$$2p^3=(2r)^3 \quad \therefore \quad p^3=4r^3$$

となり, p も偶数である. しかし, $p,\ q$ は互いに素としていたことに反する.

よって, 仮定は誤りで, $\sqrt[3]{2}$ は無理数であることが示された.

(2) $P(x)$ を x^3-2 で割ったときの商を $Q(x)$ とし, 余りを $ax^2+bx+c\,(a,\ b,\ c\text{ は有理数})$ とおく. つまり,

$$P(x)=(x^3-2)\,Q(x)+ax^2+bx+c$$

である. $a=b=c=0$ を示したい. $x=\sqrt[3]{2}$ を代入して,

$$a\sqrt[3]{4}+b\sqrt[3]{2}+c=0 \qquad \cdots\cdots\cdots \quad ①$$

である．両辺に $\sqrt[3]{2}$ をかけて， ここがポイント！

$$2a + b\sqrt[3]{4} + c\sqrt[3]{2} = 0 \quad \cdots\cdots \quad ②$$

である．①$\times b -$②$\times a$ を考えて $\sqrt[3]{4}$ を消去すると，

$$(b^2 - ac)\sqrt[3]{2} + bc - 2a^2 = 0$$

となる．ここで，$b^2 \neq ac$ であったら，$\sqrt[3]{2} = \dfrac{2a^2 - bc}{b^2 - ac}$ となり，$\sqrt[3]{2}$ が無理数であるという事実に反する．よって，「$b^2 = ac$ かつ $bc = 2a^2$」である．

ここで，$a \neq 0$ であったら，$c = \dfrac{b^2}{a}$ となり，

$$\dfrac{b^3}{a} = 2a^2 \iff \dfrac{b^3}{a^3} = 2 \quad \therefore \quad \dfrac{b}{a} = \sqrt[3]{2}$$

となってしまう．これは，$\sqrt[3]{2}$ が無理数であるという事実に反する．

よって，$a = 0$ であり，$b = c = 0$ も従う．以上で示された．

* \qquad * \qquad *

(2)はかなり複雑な論証が必要でした．$\sqrt[3]{4}$ を消すことが大事でした！他にも方法があるので，紹介しておきます：

(2) の別解

「有理数 a，b，c を用いて $a\sqrt[3]{4} + b\sqrt[3]{2} + c = 0$ となるなら，$a = b = c = 0$」を示したい．

$a = 0$ なら，$b\sqrt[3]{2} + c = 0$ となる．もし，$b \neq 0$ であったら，$\sqrt[3]{2}$ が有理数になってしまう．よって，$b = c = 0$ となる．この場合

は問題ない.

　もし, $a \neq 0$ であったら, $\sqrt[3]{2}$ は2次方程式 $ax^2 + bx + c = 0$ の解になる. 判別式 D を考えて $D = b^2 - 4ac \geqq 0$ であり, 解の公式から, $x = \dfrac{-b \pm \sqrt{b^2 - 4ac}}{2a}$ となる. このいずれかが $\sqrt[3]{2}$ である. ここで, $\sqrt{b^2 - 4ac}$ が有理数であったら, $\sqrt[3]{2}$ が有理数になってしまう. ゆえに, $\sqrt{b^2 - 4ac}$ は無理数である.

$$2a\sqrt[3]{2} = -b + \sqrt{b^2 - 4ac} \quad \text{or} \quad 2a\sqrt[3]{2} = -b - \sqrt{b^2 - 4ac}$$

において, それぞれ両辺を3乗して,

$$16a^3 = -b^3 \pm 3b^2\sqrt{b^2 - 4ac} - 3b(b^2 - 4ac) \pm (b^2 - 4ac)\sqrt{b^2 - 4ac}$$

$$\therefore \quad 4a^3 = b(3ac - b^2) \pm (b^2 - ac)\sqrt{b^2 - 4ac} \quad \cdots\cdots (*)$$

となる. もし $b^2 - ac \neq 0$ なら, $\sqrt{b^2 - 4ac}$ が有理数になってしまう. よって, $b^2 = ac$ である.

　すると, $(*)$ から

$$2a^3 = b^3 \quad \therefore \quad \sqrt[3]{2} = \frac{b}{a}$$

となり, $\sqrt[3]{2}$ が無理数であることに反する. よって, $a \neq 0$ は不適である.

　以上から, $a = b = c = 0$ とわかる.

＊　　　＊　　　＊

「$\sqrt[3]{2}$ が 2 次方程式の解になりそうだ」から論証を開始したかったけれど，$a=0$ のときは 2 次方程式になりません．$a=b=c=0$ を示したいということは，どうやら，示したいのは「$\sqrt[3]{2}$ が 2 次方程式の解にならない」ということのようです．そこで，解の公式を使って，平方根を使って $\sqrt[3]{2}$ を表したのです．「3 乗したら有理数になる」という性質から平方根だけが残る形を作ってみたら，何とか示すことができました．

・無理矢理にでも結論を導く

・細かいところをキッチリ詰めていく

という力押しの解答になってしまいました．イザというときのために，これくらいパワフルに攻めることも経験しておくと良いでしょう．

第5章 Level 4

● 解答

教訓
強引にでも解き切るパワーも大事！

Check 1 ／
□ ヒントなしで解けた
□ ヒントを見たら解けた
□ 解答を見たらわかった
□ 解答を見てもわからない

Check 2 ／
□ ヒントなしで解けた
□ ヒントを見たら解けた
□ 解答を見たらわかった
□ 解答を見てもわからない

233

問題59

次の2つの条件(i), (ii)を満たす自然数nについて考える.

(i) nは素数ではない.

(ii) l, mを1でもnでもないnの正の約数とすると, 必ず $|l-m| \leqq 2$である.

このとき, 以下の問いに答えよ.

(1) nが偶数のとき, (i), (ii)を満たす自然数nをすべて求めよ.

(2) nが7の倍数のとき, (i), (ii)を満たす自然数nをすべて求めよ.

(3) $2 \leqq n \leqq 1000$の範囲で, (i), (ii)を満たす自然数nをすべて求めよ.

解答・解説・思考の流れ

(1) $n = 2k$ (k は自然数) とおける. (ii) より, $(l, m) = (2, k)$ として

$$|2-k| \leqq 2 \quad \therefore \quad 1 \leqq k \leqq 4 \quad \text{◀ここがポイント!}$$

が成り立つことが必要である.

$k=1$ のときは, $n=2$ が素数になり, 不適である.

$k=2$ のとき, $n=4$ で1, 4以外の約数は2のみである. よって, $l=m=2$ しかなく, $|l-m|=0$ となり, (ii)が成り立つ. よって, $n=4$ は適する.

$k=3$ のとき, $n=6$ で1, 6以外の約数は2, 3である. よって, $|l-m|=0$, 1となり, (ii)が成り立つ. よって, $n=6$ は

234

適する.

$k=4$ のとき, $n=8$ で, 1, 8以外の約数は2, 4である. よっ
て, $|l-m|=0$, 2となり, (ii)が成り立つ. よって, $n=8$ は
適する.

以上から, $n=4$, 6, 8である.

(2) (1)の中に7の倍数はないから, $n=7k$ (k は<u>奇数</u>) とおける.

(ii)より, <u>$(l, m)=(7, k)$ として</u>
$$|7-k| \leqq 2 \quad \therefore \quad 5 \leqq k \leqq 9$$
ここがポイント！

が成り立つことが必要である. k は奇数なので, $k=5$, 7, 9
だけ調べれば良い.

$k=5$ のときは, $n=35$ で1, 35以外の約数は5, 7である.
よって, $|l-m|=0$, 2となり, (ii)が成り立つ. よって, $n=$
35は適する.

$k=7$ のとき, $n=49$ で, 1, 49以外の約数は7のみである.
よって, $|l-m|=0$ となり, (ii)が成り立つ. よって, $n=49$
は適する.

$k=9$ のとき, $n=63$ で, 1, 63以外の約数に3, 7がある.
$(l, m)=(7, 3)$ のとき, $|l-m|=4$ となり, (ii)が成り立たず,
$n=63$ は不適である.

以上から, $n=35$, 49である.

(3) n が偶数のときはもう考えた.

n の素因数のうち最小のものを p とおく (p は奇数として良
い). $n=pk$ (k は自然数) と表すことができ, (ii)より, (l, m)
$=(p, k)$ として

$$|p-k| \leqq 2 \quad \therefore \quad p-2 \leqq k \leqq p+2$$

が成り立つことが必要である．しかも k は p 以上の奇数なので，$k=p$, $p+2$ が必要である．

$k=p$ のとき，$n=p^2$ で，これは(ii)を満たす．

$k=p+2$ のとき，$n=p(p+2)$ であるが，$p+2$ が合成数であったら，n が p より小さい素因数をもち，不適である．$p+2$ が素数であったら，1, n 以外の n の約数は p, $p+2$ のみで，$|l-m|=0$, 2 となり，(ii)が成り立つ．

よって，奇数の n については，$n=p^2$ と「p と $p+2$ が素数のときの $n=p(p+2)$」のみである．範囲に注意して，

$n=4$, 6, 8,

  9, 25, 49, 121, 169, 289, 361, 529, 841, 961,

  15, 35, 143, 323, 899

である．

＊ ＊ ＊

なかなか大変でした．

p^2 が適することは，少し考えたらわかるかも知れません((1)，(2)の考察から)．

最小の素因数 p を設定して，$n=p(p+2)$ が作れても，7×9＝63 はダメなのでした((2)から)．この辺りから，「$p+2$ も素数？」と思えたら…．このように思考を巡らせ，気付けば勝ち，気付かなかったら解けない．これが問題を解くことの本質です！

教訓 何に注目できるかで勝負が決まります．気付くしかありません！法則を見抜く練習が不可欠！

第5章

Level 4

● 解 答

Check 1 /
□ ヒントなしで解けた
□ ヒントを見たら解けた
□ 解答を見たらわかった
□ 解答を見てもわからない

Check 2 /
□ ヒントなしで解けた
□ ヒントを見たら解けた
□ 解答を見たらわかった
□ 解答を見てもわからない

問題60

次の命題Pを証明したい.

命題P：次の条件 (a)，(b)をともに満たす自然数Aが存在
する.

(a)Aは連続する3つの自然数の積である.

(b)Aを10進法で表したとき，1が連続して99回以上現れ
るところがある.

以下の問いに答えよ.

(1)yを自然数とする．このとき不等式

$$x^3 + 3yx^2 < (x+y-1)(x+y)(x+y+1) < x^3 + (3y+1)x^2$$

が成り立つような正の実数xの範囲を求めよ.

(2)命題Pを証明せよ.

解答・解説・思考の流れ

(1) （中辺）$= \{(x+y)^2 - 1\}(x+y) = x^3 + 3x^2y + 3xy^2 + y^3 - x - y$
より，

（中辺）$-$（左辺）$= 3xy^2 + y^3 - x - y = (3y^2 - 1)x + y(y-1)(y+1)$
となる．$x > 0$，$y \geqq 1$ より，（中辺）$-$（左辺）> 0 はすべての
$x > 0$ で成立する.

　よって，x の不等式（右辺）$-$（中辺）> 0 $(x > 0)$ を解けば良
い.

（右辺）$-$（中辺）$= x^2 - 3xy^2 - y^3 + x + y = x^2 - (3y^2 - 1)x - y^3 + y$
である．x の2次方程式（右辺）$-$（中辺）$= 0$ は，$-y^3 + y < 0$

より，正負の実数解をもつ．

よって，解の公式から，正の解は

$$x = \frac{3y^2 - 1 + \sqrt{9y^4 + 4y^3 - 6y^2 - 4y + 1}}{2}$$ である．これを用い

て2次不等式 (右辺) − (中辺) > 0 (x > 0) を解くと，

$$x > \frac{3y^2 - 1 + \sqrt{9y^4 + 4y^3 - 6y^2 - 4y + 1}}{2}$$

である．

(2) 11…(102個)…11 は3の倍数であるから，$y = \dfrac{11 \cdots (102 \text{個}) \cdots 11}{3}$

とおけて，y は自然数である．このとき，

> ここがポイント！

$$\frac{3y^2 - 1 + \sqrt{9y^4 + 4y^3 - 6y^2 - 4y + 1}}{2}$$ は $3y^2$ 程度であるから，

200けた程度の数である．

ゆえに，$x = 10^{1000} = 100 \cdots$ (1000個) $\cdots 00$ とおくと，x は

1000けた程度なので，この x，y は(1)の不等式を満たしている．

$$A = (x + y - 1)(x + y)(x + y + 1)$$

とおくと，

$x^3 + 3yx^2 = 10^{3000} + 11 \cdots$ (102個) $\cdots 11 \times 10^{2000}$

$\qquad\qquad = 100 \cdots$ (898個) $\cdots 00\, 11 \cdots$ (102個) $\cdots 11\, 00 \cdots$ (2000

$\qquad\qquad\qquad$ 個) $\cdots 00$

$x^3 + (3y + 1)x^2 = 10^{3000} + 11 \cdots$ (102個) $\cdots 11 \times 10^{2000} + 10^{2000}$

$\qquad\qquad\qquad = 100 \cdots$ (898個) $\cdots 00\, 11 \cdots$ (101個) $\cdots 112\, 00$

$\qquad\qquad\qquad\qquad \cdots$ (2000個) $\cdots 00$

であり，A はこれらの間に入るので，1が99個以上並んでいる．

以上で命題Pが示された．

＊　　　　＊　　　　＊

(2)は，概算の発想が必要です．しかも，99個にこだわり過ぎず，大らかに考えていくと良いでしょう．「1が999個並ぶ数を利用してyを作る」などの大胆なことをしても構いません．$x = 10^{1000000000000}$ くらいにしておけば(1)は満たすでしょうしね．

あるいは，$x = [\,\sqrt[3]{11\cdots(3000\text{個})\cdots11}\,]$（$\sqrt[3]{11\cdots(3000\text{個})\cdots11}$ を超えない最大の整数），$y = 1$ などとしても良いでしょう．すると，「先頭：11…（99個以上）…11●●…●」の形を作ることができます！

教訓

(2)に正解は無数に存在します．

何でもよいから(1)を用いて1が99回以上つながる数を作ろう！

Check 1 /	□ヒントなしで解けた □ヒントを見たら解けた □解答を見たらわかった □解答を見てもわからない	Check 2 /	□ヒントなしで解けた □ヒントを見たら解けた □解答を見たらわかった □解答を見てもわからない

問題61

A，Bの2人がいる．投げたとき表裏が出る確率がそれぞれ $\frac{1}{2}$ のコインが1枚あり，最初はAがそのコインを持っている．次の操作を繰り返す．

(ⅰ) Aがコインを持っているときは，コインを投げ，表が出ればAに1点を与え，コインはAがそのまま持つ．裏が出れば，両者に点を与えず，AはコインをBに渡す．

(ⅱ) Bがコインを持っているときは，コインを投げ，表が出ればBに1点を与え，コインはBがそのまま持つ．裏が出れば，両者に点を与えず，BはコインをAに渡す．

そして，A，Bのいずれかが2点を獲得した時点で，2点を獲得した方の勝利とする．たとえば，コインが表，裏，表，表と出た場合，この時点でAは1点，Bは2点を獲得しているので，Bの勝利となる．

A，Bあわせてちょうど n 回コインを投げ終えたときにAの勝利となる確率 $p(n)$ を求めよ．

第5章 Level4

● 解答

解答・解説・思考の流れ

$p(1)=0$ である．

n 回でAが勝利するので，n 回目はAが2回目の表を出す．$n-1$ 回目までにちょうど1回，Aが表を出している．Bは $n-1$ 回目までに0回または1回の表を出している．

● Bが表を出していないとき，

　　　表，裏，裏，裏，………，裏，表

　　　裏，裏，表，裏，………，裏，表

　　　………

　　　裏，裏，裏，………，裏，表，表

であるが，これが起こるのは，n が偶数のときしかあり得ない．
実際，「裏が偶数回」「Aが表」「裏が偶数回」「Aが表」となっ
ているからである．

● Bが表を1回出しているとき，$n-1$ 回目までに表が2回出る
が，その間には「奇数個の裏」が入る．1回目の表が，偶数回目
なら先に「Bが1点」，奇数回目なら先に「Aが1点」である．つ
まり，Bが先制する

　　①：「裏が奇数回」「Bが表」「裏が奇数回」「Aが表」「裏が
　　　偶数回」「Aが表」

と，Aが先制する

　　②：「裏が偶数回」「Aが表」「裏が奇数回」「Bが表」「裏が
　　　奇数回」「Aが表」

がある．いずれも n が奇数のときにしか起こらない．

1) n が偶数のとき，$n = 2k$（k は自然数）とおくと，0，2，4，
………，$2(k-1)$ から1つ偶数を選ぶ選び方の分だけパターン
があり，k 通りある．よって，

$$p(2k) = \frac{k}{2^{2k}} \quad \left(p(n) = \frac{n}{2^{n+1}} \right)$$

242

である.

2) n が奇数 $(n \geq 3)$ のとき，$n = 2k+1$ (k は自然数) とおく.

①は表が出るのがともに2以上$2k$以下の偶数回目なので，$2, 4, \cdots, 2k$ から2つ偶数を選ぶ選び方の分だけパターンがあり，${}_k\mathrm{C}_2$通りある.

②は表が出るのがともに1以上$2k-1$以下の奇数回目なので，$1, 3, \cdots, 2k-1$から2つ奇数を選ぶ選び方の分だけパターンがあり，${}_k\mathrm{C}_2$通りある.

いいかえが大事!

よって，

$$p(2k+1) = \frac{2 \cdot {}_k\mathrm{C}_2}{2^{2k+1}} = \frac{k(k-1)}{2^{2k+1}} \quad \left(p(n) = \frac{(n-1)(n-3)}{2^{n+2}}\right)$$

である．これは，$n = 1$ ($k = 0$) でも成り立つ．

＊　　＊　　＊

実験から場合分けに気付くことができればOKです．ほぼすべてが「裏」ということがポイントです (あまり複雑な場合分けにはならないはず!?)．場合の数を求める部分が意外と簡単でした．ややこしく数えることも，もちろん可能です．

教訓 実験しないと気付けない法則があります．

問題62

nを3以上の整数とする. n個の球K_1, K_2, $\cdots$, K_nとn個の空の箱H_1, H_2, $\cdots$, H_nがある. 以下のように, K_1, K_2, $\cdots$, K_nの順番に, 球を箱に1つずつ入れていく.

まず, 球K_1を箱H_1, H_2, $\cdots$, H_nのどれか1つに無作為に入れる. 次に, 球K_2を, 箱H_2が空ならばH_2に入れ, 箱H_2が空でなければ残りの$n-1$個の空の箱のどれか1つに無作為に入れる.

一般に, $i=2,3,\cdots$, nについて, 球K_iを, 箱H_iが空ならばH_iに入れ, 箱H_iが空でなければ残りの$n-i+1$個の空の箱のどれか1つに無作為に入れる.

(1) K_nが入る箱はH_1またはH_nである. これを証明せよ.

K_{n-1}がH_{n-1}に入る確率をp_nとおく ($n \geqq 3$).

(2) p_3, p_4を求めよ.

(3) $n \geqq 4$のとき, $p_n = \dfrac{2}{n} + \dfrac{p_{n-1}+p_{n-2}+\cdots\cdots+p_3}{n}$ が成り立つことを示せ.

(4) p_nを求めよ.

解答・解説・思考の流れ

(1) 一般に球$K_i (2 \leq i \leq n)$ を入れた後, 箱H_iは空ではない.

K_nを入れるとき, H_nが空なら, H_nに入る. H_nが空でないなら, それまでに箱H_2, H_3, $\cdots$, H_{n-1}は空ではなくなっているので, 空であり得る箱はH_1のみである. このとき, 球K_nはH_1に入る.

よって，示せた．

(2) $n = 3$ のとき，p_3 は K_2 が H_2 に入る確率である．

・K_1 が H_1 に入るとき，K_2 は H_2 に入る．

・K_1 が H_2 に入るとき，K_2 が H_2 に入ることはない．

・K_1 が H_3 に入るとき，K_2 は H_2 に入る．

ゆえに，p_3 は K_1 が H_1 または H_3 に入る確率となるので，$p_3 = \dfrac{2}{3}$ である．

次に，$n = 4$ のときは，p_4 は K_3 が H_3 に入る確率である．いいかえると，「K_1 が H_1 または H_4 に入る」または「K_1 が H_2 に入り，かつ，K_2 が H_1 または H_4 に入る」確率なので，$p_4 = \dfrac{2}{4} + \dfrac{1}{4} \cdot \dfrac{2}{3} = \dfrac{2}{3}$ である（p_3 と一致！）．

ここがポイント！

(3) 一般に，$n \geqq 4$ のとき，p_n は K_{n-1} が H_{n-1} に入る確率である．

・K_1 が H_1 に入ると，K_2 が H_2 に，K_3 が H_3 に，$\cdots$，K_{n-1} が H_{n-1} に入る．

・K_1 が H_2 に入るとき，K_2 は H_1，H_3，$\cdots$，H_n のどれかに入れることになる．このときに K_{n-1} が H_{n-1} に入る確率は，$n-1$ 個で考えるときの確率 p_{n-1} と一致する（なぜなら，「K_2 はどこに入れても良く，残りは同じ番号の箱が空ならその箱へ，空でないなら残りのどこかの箱へ」となっており，「$n-1$ 個で考えたときに最後から 2 個目の球が最後から 2 個目の箱に入る」確率と同じになるからである）．

・K_1 が H_3 に入るとき，K_2 は H_2 に入り，K_3 は H_1，H_4，$\cdots$，H_n のどれかに入れることになる．

245

このときにK_{n-1}がH_{n-1}に入る確率は，$n-2$個で考えるときの確率p_{n-2}と一致する．

……

・K_1がH_{n-2}に入るとき，K_2がH_2に，……，K_{n-3}がH_{n-3}に入る．K_{n-2}はH_1，H_{n-1}，H_n のどれかに入れることになる．このときにK_{n-1}がH_{n-1}に入る確率は，3個で考えるときの確率p_3と一致する．

・K_1がH_{n-1}に入るとき，K_{n-1}がH_{n-1}に入ることはない．

・K_1がH_nに入ると，K_2がH_2に，K_3がH_3に，…，K_{n-1}がH_{n-1}に入る．

よって，

$$p_n = \frac{1}{n} + \frac{1}{n} \cdot p_{n-1} + \cdots + \frac{1}{n} \cdot p_3 + 0 + \frac{1}{n} = \frac{2}{n} + \frac{p_{n-1} + p_{n-2} + \cdots\cdots + p_3}{n}$$

である．

(4) $p_n = \dfrac{2}{3}$ $(n \geqq 3)$ と予想できるので，これを示す．

$n = 3$ のときは成り立つ．$n \geqq 4$ に対し，もしも，$p_3 = p_4 = \cdots = p_{n-1} = \dfrac{2}{3}$ がわかっていたら，(3)より

$$p_n = \frac{2}{n} + \frac{1}{n} \cdot \frac{2(n-3)}{3} = \frac{6 + 2n - 6}{3n} = \frac{2}{3}$$

となり，$p_n = \dfrac{2}{3}$ となる．

つまり，$p_3 = \dfrac{2}{3}$ から $p_4 = \dfrac{2}{3}$ がわかる．$p_3 = p_4 = \dfrac{2}{3}$ から $p_5 = \dfrac{2}{3}$ がわかる．これを繰り返して，$n \geqq 4$ で常に $p_n = \dfrac{2}{3}$ となることが

わかる．

＊　　　＊　　　＊

(2), (3)がないと，かなり難しい問題です．(2)は実験で考えるとしても，2つが同じになって，「ずっと同じ」と予想するのは勇気がいります．もう1つくらいは実験しているかも知れません．そうしているうちに(3)の構造が見えてきたら，(4)だけでも解けるのです．

教訓

(3)から，まともに考えても(4)は解けません．

(2)から「p_n がずっと同じかも」と思うしかありません．感じ取る力が必要です．

column 3 難問との対峙方法

　コラム2で，すぐに答えを見てはもったいない，という話をしました．
けれど，チラッとだけ見るのなら，OKです．
　難問と接するときは，次のようにするのが良いでしょう．

ひたすら考える

●どうしてもわからないなら，解答の出だし（スタートの切り方）
　だけ確認する
●ある程度は進んでいるなら，自分の躓いている難所を把握する
　（本書では「ヒント」の確認になります）

次なる難所を把握する

難所の越え方を部分的に覗き見して，続きを考える

最後までやり切る

●細かい論証漏れなどないかチェックする
●解答と自分の答案を比較し，良いところを吸収する

完　答！

これによって，「難問」が「少し頑張れば解ける問題」に変わります．
　逆に，やってはならないことが次の2つです：

1) 考えもせず他人の作った解答を無条件で受け入れること
2) 失敗経験をせずに，難所の越え方だけを丸暗記すること

　1) をやっていると，処理の優先順位を自分でつけられない人になります．
　2) をやっていると，同じ越え方の難所に出くわしても気づかない人になります．

　できる人になりましょう！

教訓一覧

　本書では40個もの教訓がありました．これらは大きく分けて6つに分類できます．

　①必要なことだけを考えよ　②実験せよ　③問題と対話せよ　④力技でやり切れ　⑤見落とし注意・十分性check　⑥ふつうのことをふつうに

1	「Aをすべて求めよ」ではないから，$a=1$の場合は考えてはなりません！問題との勝負において，無駄なことをやっていては，勝てる勝負を落とすことに繋がるからです．	☞ 問題6 必要
2	求めたいものだけを求める方法を考えよう．	☞ 問題9 必要
3	見たことがないものに出くわしたら，具体的な数字でいくつか実験して様子を探るのが基本です．戸惑う前に，まず実験！	☞ 問題11 実験
4	「求めよ」と言われたものだけを求める方法を考えよう．	☞ 問題14 必要
5	パッとはわからないものを考えなければならないとき，間接的に求める方法を考えます．求めたいものと同じになるものを探し，そこから逆算的にキッカケをつかもう．	☞ 問題15 対話
6	どの条件から特定していくか．複雑に入り組んだ中から唯一の道を探しましょう．そのためには，ただ眺めるだけではなく，実際に当てはめていって，制限の強さをチェックしていくしかありません．	☞ 問題16 実験
7	比を求めるだけでよいので，長さを考えたりする必要はありません．不要なことをやらないように気を付けよう．	☞ 問題17 必要
8	いざとなったらシラミツブシ．その個数をいかに減らすか工夫しましょう．	☞ 問題18 力技
9	整数についての不等式は，あてはめで解くほうが早いことがあります．	☞ 問題19 力技

10	見落としに注意!「本当に答えか?」をチェックしよう.	☞問題20 注意
11	シラミツブシする個数をできるだけ減らすように考えるのが大事!	☞問題22 力技
12	難問も何かのキッカケで解けます. それは, 実験などで自力で見つけるしかありません.	☞問題23 実験
13	答えが「3つ」と決める以外の無駄なことをやらないように!	☞問題23 必要
14	sinの値がわかりにくい角度がたくさん出てきましたが, 値は不要でした. 値が求まらないからといってあきらめてしまわないように!!	☞問題25 必要
15	この設定でしか解けないような問題ですから, 問題とよく対話して, 弱点を突いていくしかありません!	☞問題26 対話
16	与えられた角度を使って, 30°, 45°, 60°, 90°などが作れないかを考えると, 道が開くことがあります.	☞問題27 対話
17	数の個性を感じとろう!	☞問題28 対話
18	求める必要がないものは考えないようにしましょう. 与えられた情報の活かし方を考えていきます.	☞問題31 必要
19	制限の強いものから考えよう. 順番を間違えないように!	☞問題33 対話
20	特殊性に注目! 不要なものを考えない!!	☞問題35 対話
21	必ず通る点の活用. これで図形的に解けます!	☞問題36 対話
22	誘導の意味, 文脈を読みとることが大事!(3)のxを(1), (2)に代入して, 「何か起これ」と強く思えば, 何か見えてきます!!	☞問題37 対話

23	「求めよ」と言われたものしか求めてはだめです．「求まらない」ことも多いので注意！	☞ 問題40 (必要)
24	答えを見つけるだけではダメ！他が答えにならないことまで確認しよう．	☞ 問題41 (注意)
25	10個のnを調べるだけで解けるので，シラミツブシするだけだと割り切る！	☞ 問題42 (力技)
26	答えが出たと思ったら，そもそもの前提を満たしているか，最終チェック！	☞ 問題44 (注意)
27	共通部分を見落とさない！	☞ 問題45 (注意)
28	困ったら正三角形を探そう！「正三角形っぽいな」とか「正三角形になってくれないかな」とか，まず思えるようになろう！	☞ 問題47 (対話)
29	レアケースを見落とさないように注意！	☞ 問題51 (注意)
30	(1)の経験を(2)で活かす！文字が入っても落ちついて処理しよう．	☞ 問題52 (対話)
31	思い込みでやらないように注意！	☞ 問題53 (注意)
32	道具はいつでもどこでも自由に使えるように！	☞ 問題54 (ふつう)
33	実験しないとわからないこともある！まず手を動かそう！	☞ 問題55 (実験)
34	いいかえが大事！	☞ 問題56 (対話)
35	(1)の論法が(2)のヒント．強引にでも矛盾を導こう！	☞ 問題57 (対話)
36	強引にでも解き切るパワーも大事！	☞ 問題58 (対話)

37	何に注目できるかで勝負が決まります．気付くしかありません！ 法則を見抜く練習が不可欠！	☞ 問題59 対話
38	(2)に正解は無数に存在します．何でもよいから？を用いて1が99回以上つながる数を作ろう！	☞ 問題60 対話
39	実験しないと気付けない法則があります．	☞ 問題61 実験
40	(3)から，まともに考えても(4)は解けません． (2)から「p_n がずっと同じかも」と思うしかありません．感じ取る力が必要です．	☞ 問題62 対話

あとがき

　数学における問題解決力．これを突き詰めると「算数」に到達します．
　「いまさら算数をやらされるなんて…」と思った人もいるでしょう
が，「ホンモノの算数」は，大学入試問題よりも難しいものもあるのです．
　「無駄なことをしない」「思い切って攻めてみる」「実験してみる」「シ
ラミツブシ」などの基本戦略は，数学でも重要なものです．本書を通
じて，それが少しでも伝われば幸いです．
　普段の数学学習においても「知識の習得」，「定石適用の練習」のみに
終始することなく，「問題解決力」を意識してください．「先生が解答
を教えてくれるのを待つ」という姿勢ではなく，「自分が思ったように
やってみる」という姿勢が大事なのです．「自分の考えたもの」が正し
いのか間違っているのか，最適なのか無駄があるのか，などを先生に
質問してみると良いでしょう．そうすることで，あなたの「問題解決力」
は増していくはずです．
　できる人になるための道は始まったばかりです．
　頑張っていきましょう！

　もしも，「数学の勉強が楽しくないな」と感じることがあるなら，本
書を開いてみてください．数学は問題との戦いですから，本質的に勉
強ではありません！そのことを思い出すことができるのではないで
しょうか．

　みなさんが，「数学のできる人」になり数学的問題解決力を将来に活
かしてもらえたら，また，得意になることで数学の理論にも興味をもっ
てもらえたら，著者としてこれ以上の喜びはありません．

著者プロフィール

◎研伸館 (けんしんかん)

1978年, 株式会社アップ(http://www.up-edu.com)の大学受験予備校部門として発足 (兵庫県西宮市).

2015年現在, 西宮校, 川西校, 三田校, 上本町校, 住吉校, 阪急豊中校, 学園前校, 高の原校, 西大寺校, 京都校, 天王寺校の11校舎を関西地区に展開.

東大・京大・阪大・神戸大などの難関国公立大学や早慶関関同立などの難関私立へ毎年多くの合格者を輩出する現役高校生対象の予備校として, 関西地区で圧倒的な支持を得ている.

http://www.kenshinkan.net

著者紹介

◎吉田 信夫 (よしだ・のぶお)

1977年 広島で生まれる

1999年 大阪大学理学部数学科卒業

2001年 大阪大学大学院理学研究科数学専攻修士課程修了

2001年より, 研伸館にて, 主に東大・京大・医学部などを志望する中高生への 大学受験数学を指導する. そのかたわら, 「大学への数学」などでの執筆活動も精力的に行う.

著書として『大学入試数学での微分方程式練習帳』(現代数学社 2010),『ガウスとオイラーの整数論』(技術評論社 2011),『複素解析の神秘性』(現代数学社2011),『ユークリッド原論を読み解く』(技術評論社 2014)がある.

数学への招待シリーズ

"数学ができる" 人の思考法
～数学体幹トレーニング60問～

2015年11月30日　初版　第1刷発行

編　集　株式会社アップ　研伸館
著　者　吉田 信夫
発行者　片岡 巌
発行所　株式会社技術評論社
　　　　東京都新宿区市谷左内町21-13
　　　　電話　03-3513-6150　販売促進部
　　　　　　　03-3267-2270　書籍編集部
印刷・製本　昭和情報プロセス株式会社

定価はカバーに表示してあります。

本書の一部、または全部を著作権法の定める範囲を超え、無
断で複写、複製、転載、テープ化、ファイルに落とすことを
禁じます。

©2015 株式会社アップ

造本には細心の注意を払っておりますが、万が一、乱丁（ページの
乱れ）や落丁（ページの抜け）がございましたら、小社販売促進部
までお送りください。送料小社負担にてお取り替えいたします。

ISBN978-4-7741-7677-2 C3041
Printed in Japan

●装丁
　中村友和（ROVARIS）

●本文デザイン、DTP
　株式会社ニュートーン